Christian Schlieder

Autodesk® Inventor® 2015

Einsteiger-Tutorial

Viele praktische Übungen am
Konstruktionsobjekt HYBRIDJACHT

Christian Schlieder

Autodesk® Inventor® 2015

Einsteiger-Tutorial

Viele praktische Übungen am
Konstruktionsobjekt HYBRIDJACHT

Weiterführende Literatur

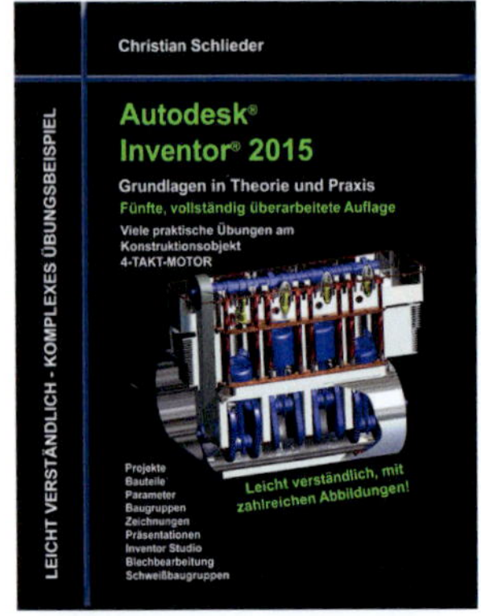

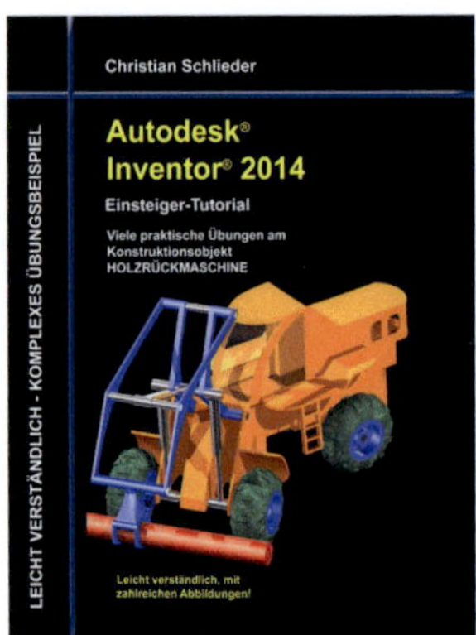

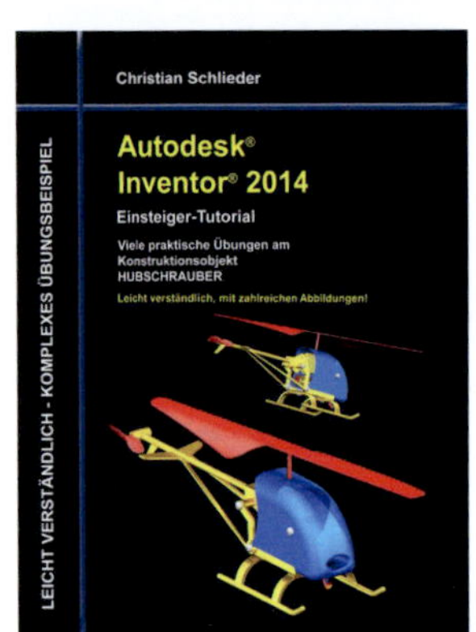

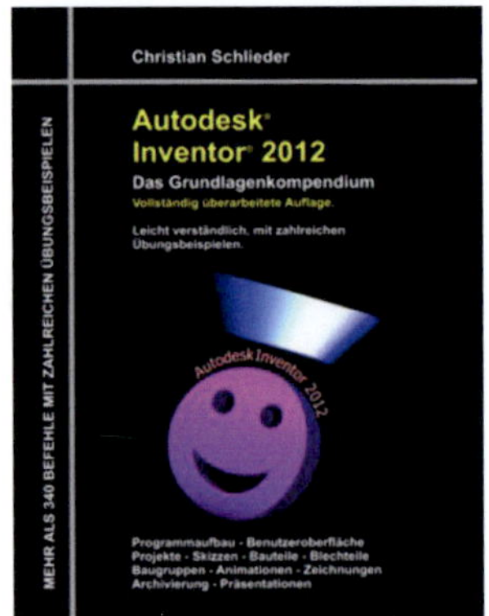

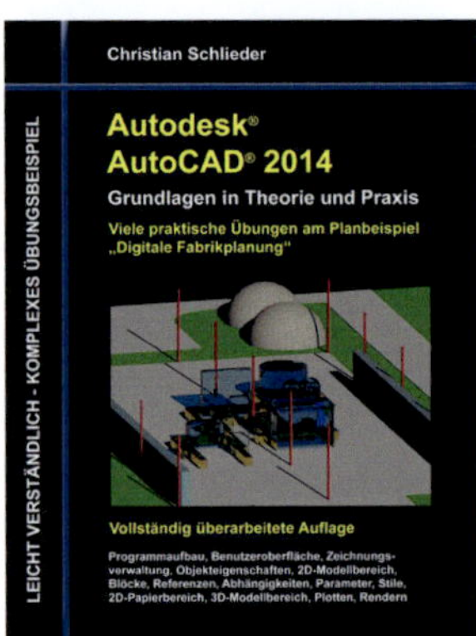

Eine Übersicht über alle Bücher finden Sie im Internet unter:

http://www.cad-trainings.de/html/Literatur.html

Alle im Buch enthaltenen Informationen wurden nach bestem Wissen und Gewissen geprüft.

Da Fehler nicht ausgeschlossen werden können, übernehmen Autor und Verlag weder Verantwortungen, Verpflichtungen oder Garantien jeglicher Art, noch Haftung für die Benutzung der bereitgestellten Informationen. Autor und Verlag übernehmen keine Gewähr dafür, dass die beschriebenen Vorgehensweisen oder Verfahren frei von Rechten Dritter sind.

Das Werk ist urheberrechtlich geschützt. Übersetzung, Nachdruck, Vervielfältigung, sonstige Verarbeitung des Buches oder von Teilen daraus sind ohne Genehmigung des Autors nicht erlaubt.

Autodesk® Inventor® 2015 ist ein eingetragenes Markenzeichen von Autodesk, Inc. und/ oder seiner Tochtergesellschaften und/oder der Tochterunternehmen in den USA und anderen Ländern.

ISBN

9783738604559

IMPRESSUM

Dipl.- Ing. Christian Schlieder
www.cad-trainings.de
Fax: +49 (0) 3212 - 1122290

HERSTELLUNG UND VERLAG

Books on Demand GmbH, Norderstedt
www.BoD.de

INHALTSVERZEICHNIS

1 Einleitung

1.1 Inhalt

Dieses Buch ist ein Tutorial für **Autodesk® Inventor® 2015.** Anhand eines komplexen Übungsbeispiels lernt der Leser den Umgang mit dem Programm.

1.2 Befehle

Die folgenden Programmbefehle werden verwendet:

2D- und 3D-Skizzenbereich

- Abhängigkeiten
- Bemaßung
- Block erstellen
- Bogen (drei Punkte)
- Drehen

- Ellipse
- Geometrie einschlie-ßen/ projizieren
- Konstruktion
- Kreis (Mittelpunkt)

- Linie
- Punkt
- Rechteck
- Stutzen
- Versatz

Bauteilbereich

- 2D-Skizze starten
- 3D-Skizze starten
- Bohrung
- Drehung
- Erhebung
- Extrusion
- Farben zuweisen
- Fasen
- Fläche verschieben

- Gewinde
- Hülle
- Kugel
- Lüftungsöffnung
- Quader
- Rechteckige Anord-nung
- Rippe
- Runde Anordnung

- Rundung
- Spiegeln
- Sweeping
- Trennen
- Umgrenzungsfläche
- Versatz von Ebene
- Zylinder

Baugruppenbereich

- Abhängig machen
- Ersetzen durch

- Erstellen
- Platzieren

- Rendern
- Spiegeln

1.3 Projektordner erstellen

Vor der Arbeit im eigentlichen Programm sollte auf dem PC ein neuer Ordner erstellt werden. Dieser Ordner wird als Projektordner dienen, in dem alle Komponenten dieser Projektarbeit gesichert werden. Erstellen Sie an geeignetem Speicherort einen neuen Ordner mit der Bezeichnung „*Inventor-2015-Hybridjacht*".

1.4 Hilfedatei des Programms

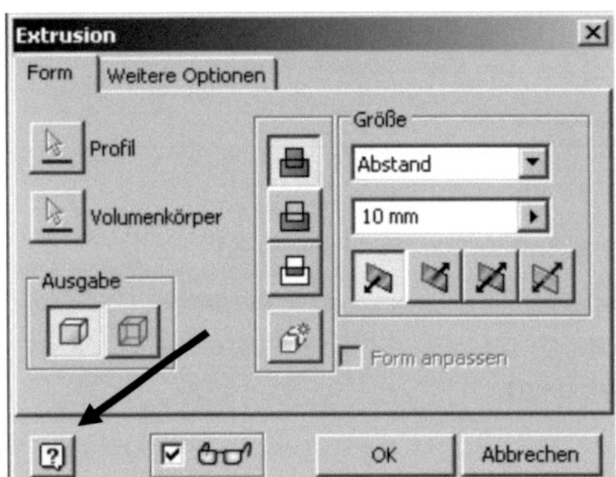

Das Programm beinhaltet eine umfassende Hilfedatei. Zusätzlich zu den Hilfen und Anmerkungen in diesem Buch kann diese zur Klärung offener Fragen verwendet werden. Achten Sie auf das kleine *Fragezeichen* in den Befehlen des 3D-Bereiches. Hier gelangen Sie automatisch in den entsprechenden Bereich der Hilfe. Bei manchen Befehlen (zum Beispiel im 2D-Bereich) ist dieser Button nicht verfügbar. Hier kann alternativ die Taste „*F1*" verwendet werden.

Die Hilfedatei greift automatisch auf das Internet zu, sofern das Programm eine Zugriffsberechtigung auf eine vorhandene Internetleitung besitzt. Alternativ kann kostenlos eine lokale Hilfe unter folgendem Link geladen und installiert werden:

> *http://www.autodesk.de/*

1.5 Kostenlose Programmversion

Eine Testversion des Programms kann ebenfalls kostenlos auf der Internetplattform:

> *http://www.autodesk.com/education/free-software/all*

heruntergeladen werden. Diese ist allerdings nur 30 Tage funktionstüchtig. Studenten haben zusätzlich die Möglichkeit, die kostenlose Version für 3 Jahre freizuschalten.

Bitte starten Sie das Programm *Autodesk® Inventor® 2015*, um mit den Übungen zu beginnen.

2 Bearbeiten der Anwendungsoptionen

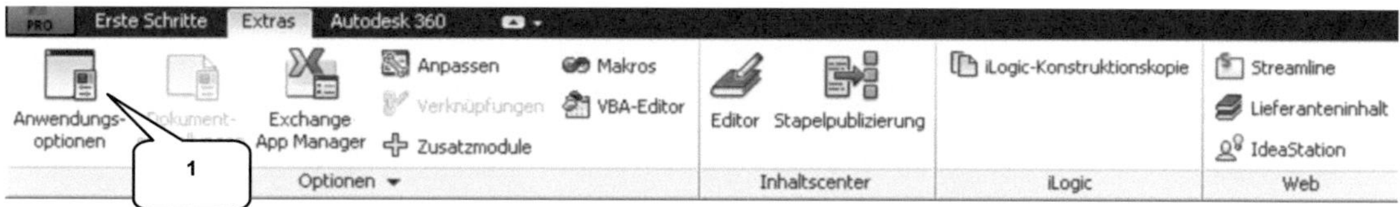

Um die Übungen fehlerfrei umsetzen zu können wird empfohlen, einige Grundeinstellungen zu kontrollieren. Wechseln Sie hierfür ins Register **Extras** um dort den Befehl **Anwendungsoptionen** (1) zu starten. Beginnen Sie mit dem Register **Anzeige** (2):

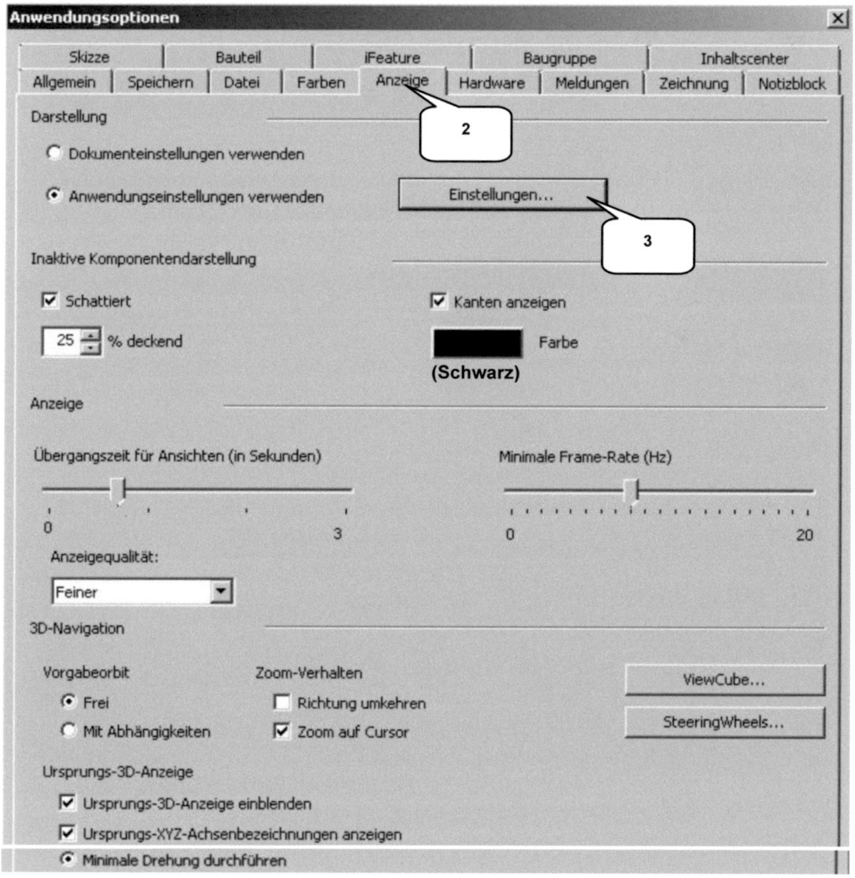

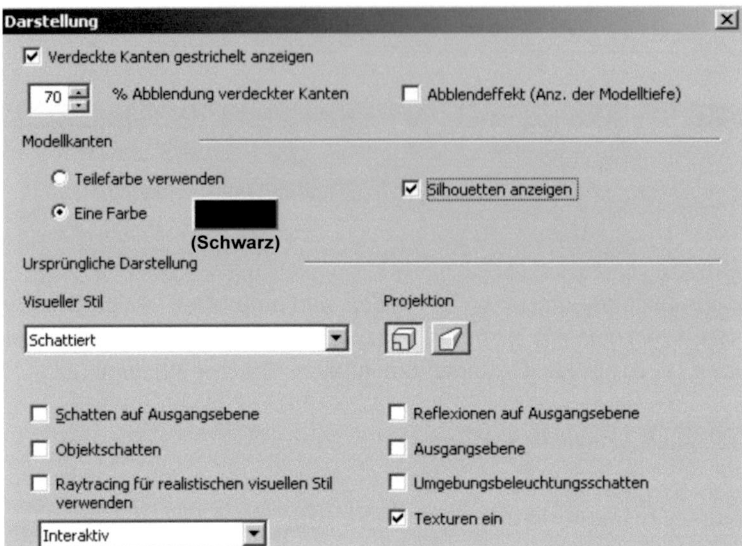

In den *Einstellungen* (3) sind die oben stehenden Änderungen zu übernehmen um dann im Register *Zeichnung* (4) die folgenden Grundeinstellungen umzusetzen:

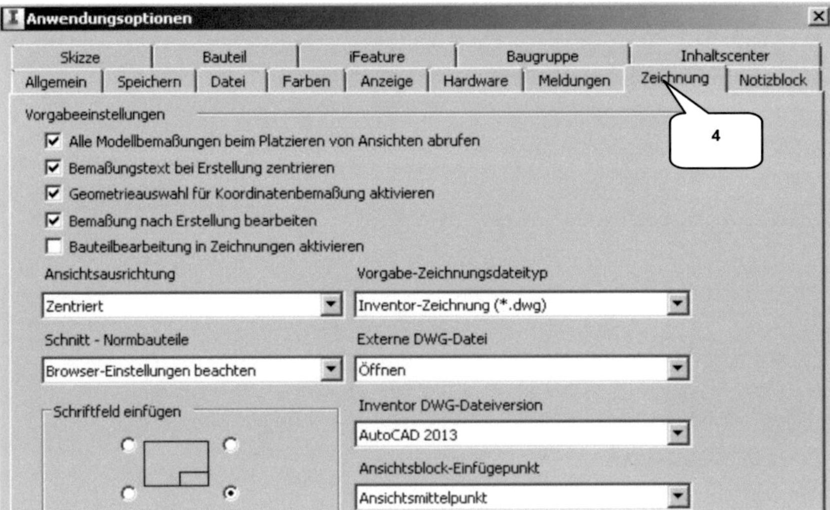

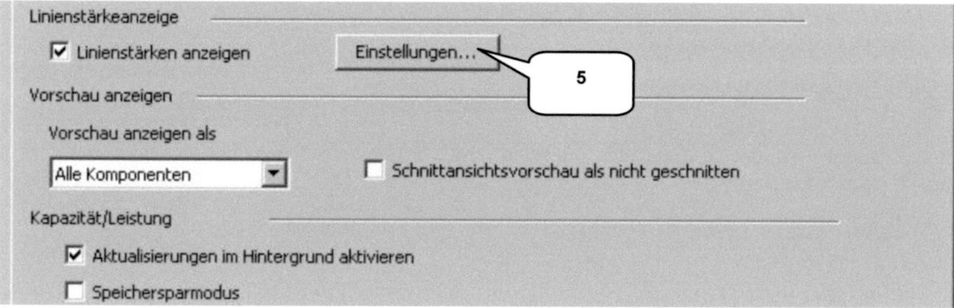

Über die **Einstellungen** (5) gelangt man zu den **Linienstärken**, die ebenfalls zu ändern sind:

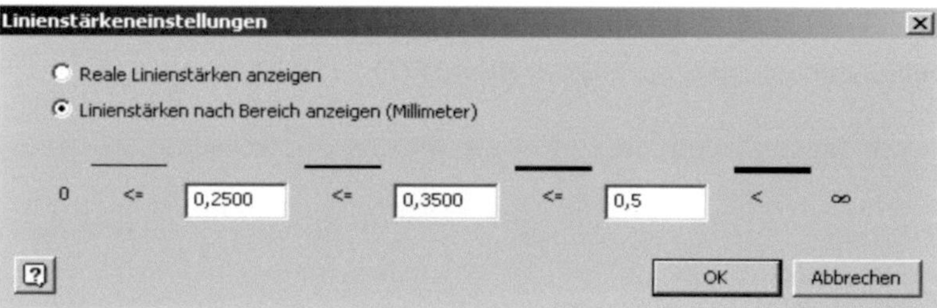

Im Register **Baugruppe** (6) sind dann die folgenden Änderungen zu übernehmen:

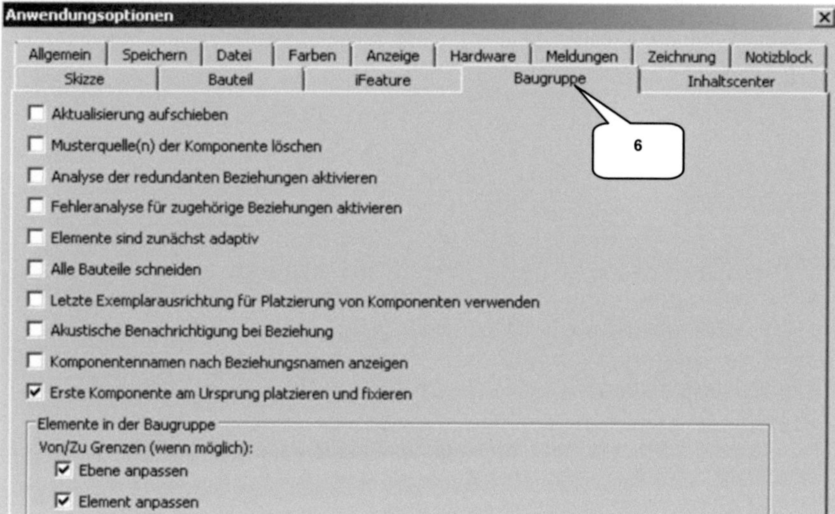

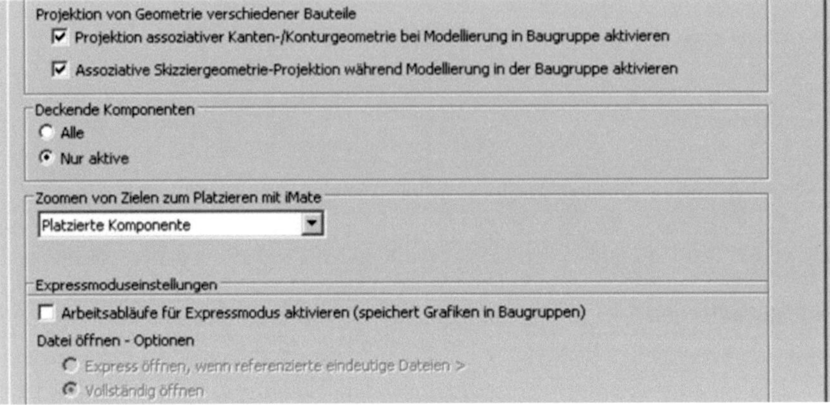

Weitere Änderungen erfolgen im Register **Bauteil** (7):

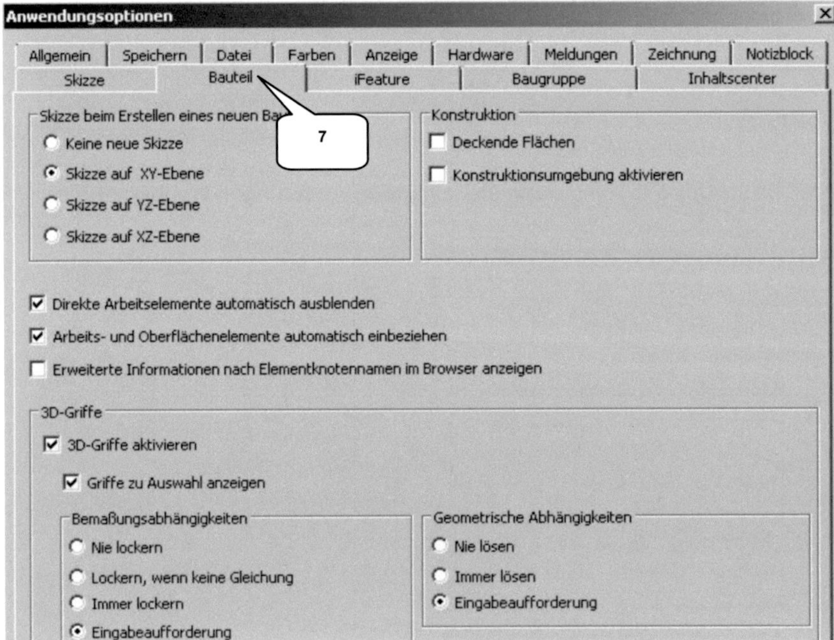

Abschließend sind die Einstellungen im Register **Skizze** vorzunehmen (8):

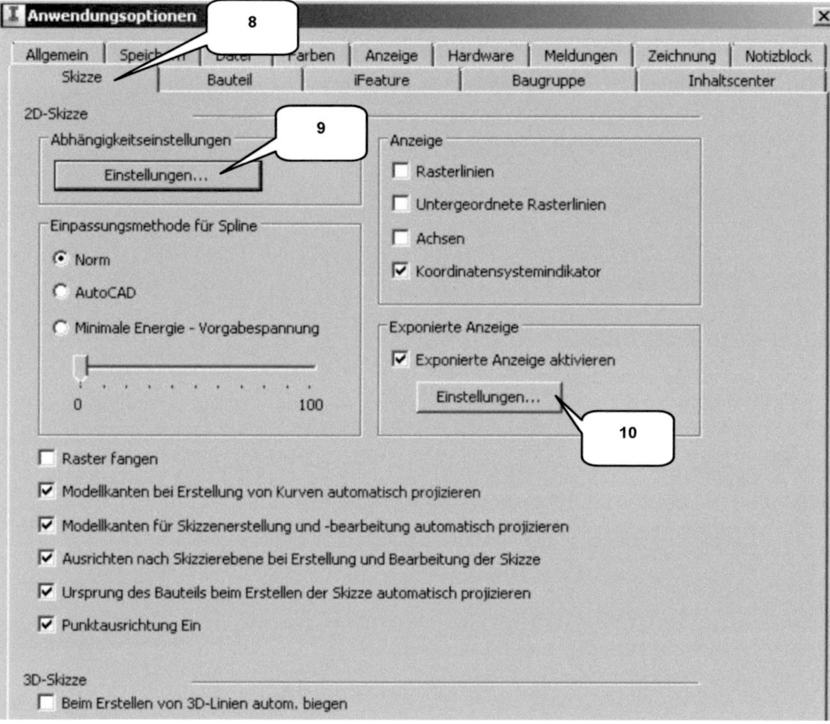

In den ***Abhängigkeitseinstellungen*** (9) sollten die darin befindlichen drei Register wie folgt voreingestellt werden:

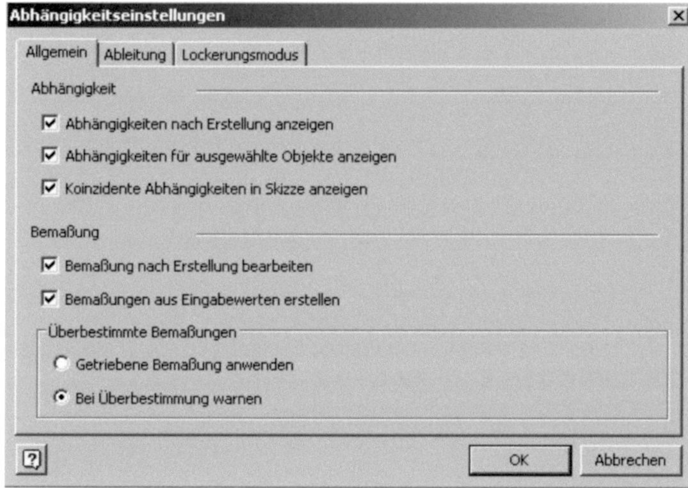

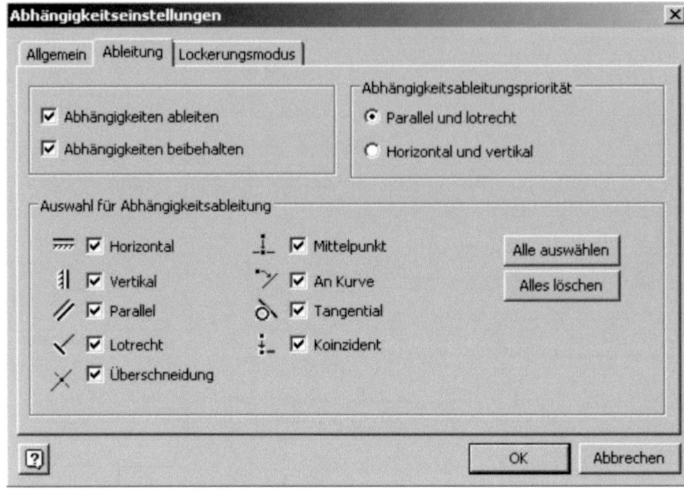

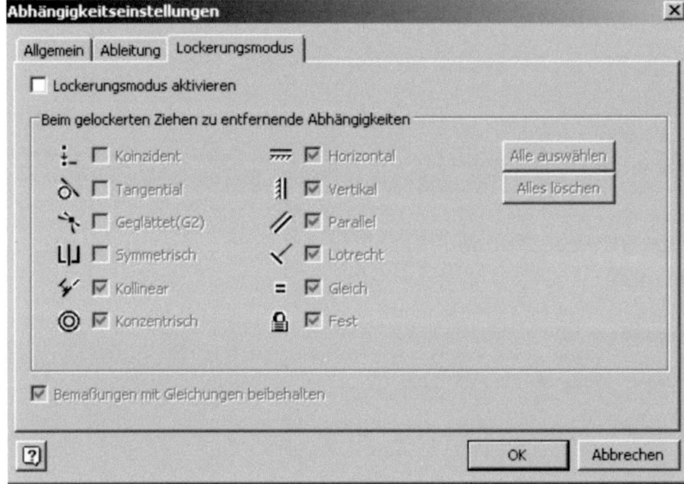

Abschließende Einstellungen sind im Bereich **Exponierte Anzeige** (10) zu kontrollieren. Die Anwendungsoptionen können danach mit **OK** (11) bestätigt werden.

Bearbeiten der Anwendungsoptionen

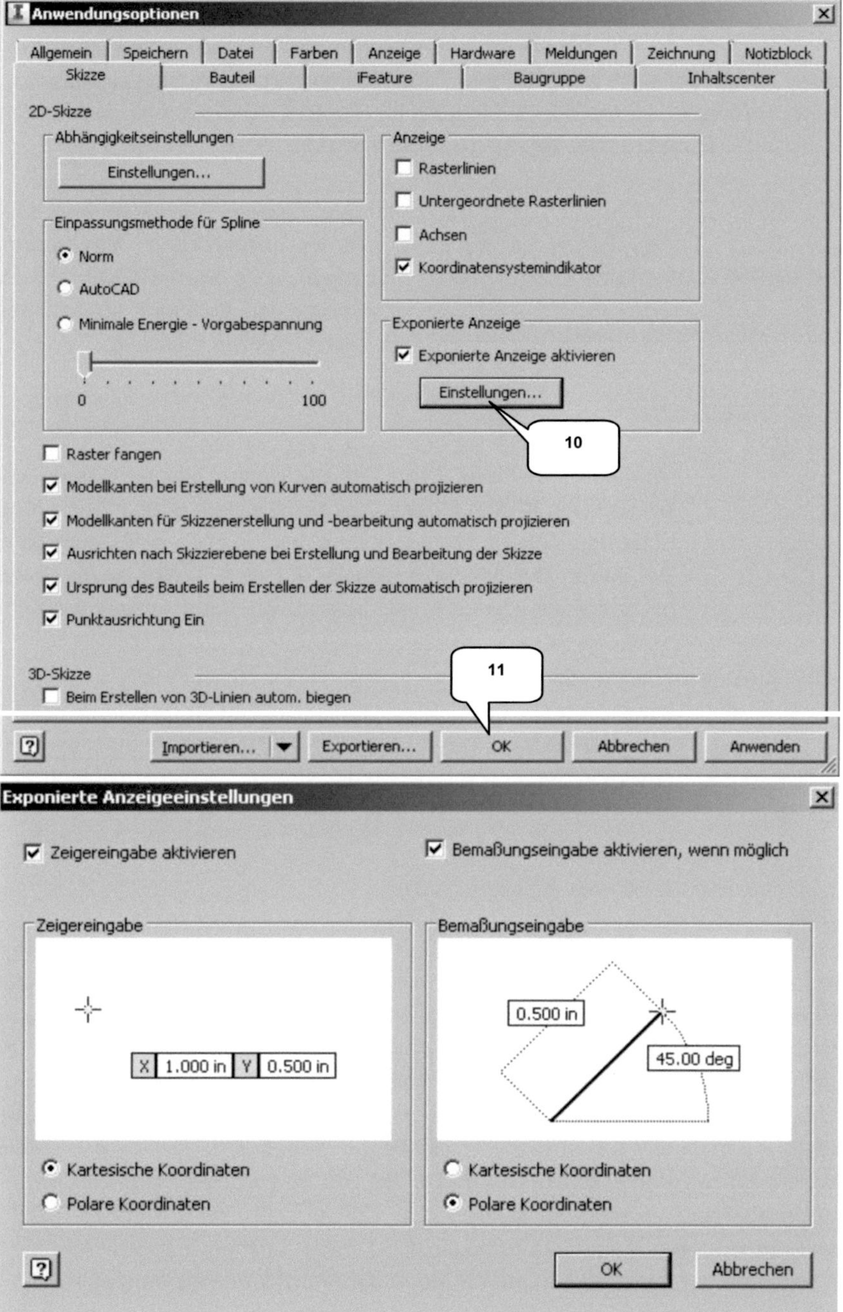

2.1 Steuerungstools und Maustasten

Das Programm verfügt über verschiedene Tools, die es dem Anwender ermöglichen, häufig verwendete Befehle rasch starten zu können. Im Register **Ansicht** und der Befehlsgruppe **Fenster** muss die **Benutzeroberfläche** gestartet werden.

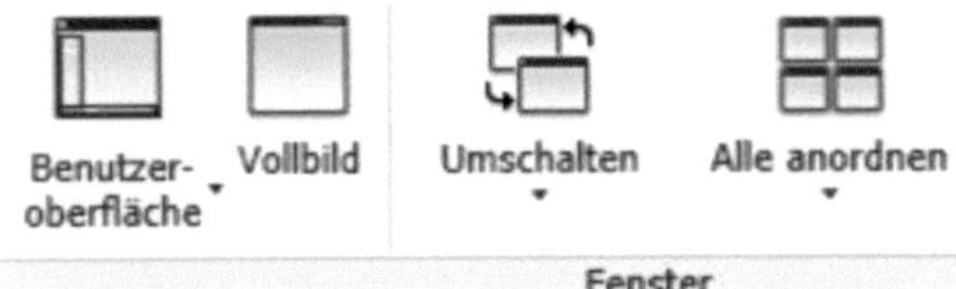

Im geöffneten Auswahlmenü sollten die Optionen **ViewCube**, **Navigationsleiste**, **Browser** und **Statusleiste** aktiviert sein. Die restlichen Optionen können bei Bedarf zusätzlich aktiviert werden.

2.2 Der ViewCube

Mit dem **ViewCube** kann der Blickwinkel auf ein Objekt verändert werden: Ein Klick mit der linken Maustaste auf eine Seite, Kante oder Ecke des Würfels dient dem Wechsel in die entsprechende Ansicht. Bei gedrückter linker Maustaste auf den Würfel ist (in Kombination mit der Mausbewegung) ein freies Drehen der Ansicht möglich.

2.3 Die Navigationsleiste

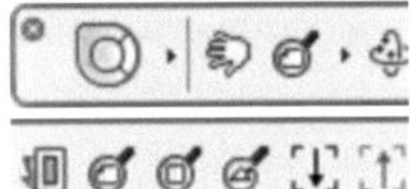

Die **Navigationsleiste** beinhaltet verschiedene Anzeige- und Navigationsbefehle. Die Position der Leiste und die Anzahl der darzustellenden Befehle können individuell festgelegt werden.

2.4 Die Funktionen der Maustasten

Wird in diesem Buch davon gesprochen, etwas anzuklicken oder zu auszuwählen, bezieht sich das stets auf die **linke Maustaste**, sofern es nicht anders beschrieben ist. Ein Klick mit der **rechten Maustaste** öffnet ein Menü mit weiteren Optionen. Je nachdem, in welchem Arbeitsbereich des Programms Sie sich befinden (Skizzenbereich, Modellbereich, Baugruppenbereich, Präsentationsbereich, Zeichnungsbereich), und an welcher Position geklickt wird (auf ein Zeichenobjekt, eine Modellkante, auf ein Bauteil oder auf die Multifunktionsleiste) werden unterschiedliche Auswahlmöglichkeiten angeboten. Die **mittlere Maustaste** (Scrollrad-Taste) hat mehrere Funktionen: Bei gedrückter mittlerer Maustaste kann der gesamte Arbeitsbereich verschoben werden. Die Kombination der Umschalt-Taste (SHIFT-Taste) mit der mittleren Maustaste ermöglicht ein freies Drehen der Ansicht. Das Scrollen mit dem Scrollrad der mittleren Maustaste zoomt die Ansicht im Arbeitsbereich.

3   Einzelbenutzer-Projekt erzeugen

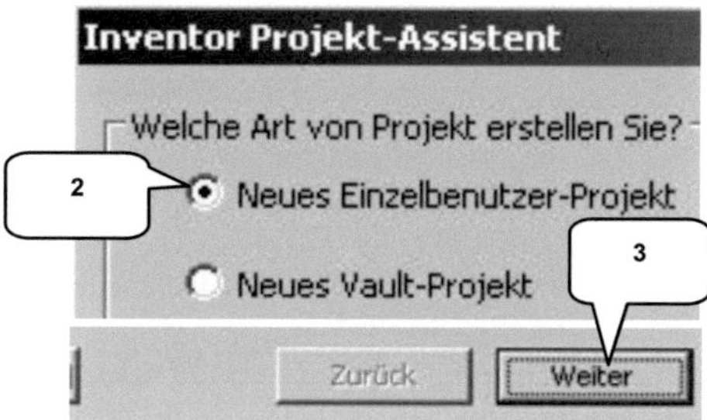

> **Projekte** (1)
> Option: Neu > Neues Einzelbenutzer-Projekt (2)
> **Weiter** (3)

> Name: [Inventor-2015-Hybridjacht] (4)
> Projektordner „Inventor-2015-Hybridjacht" wählen (5)
> **Fertig stellen** (6)

Als Projektordner ist der Ordner zu verwenden, der vorher auf Ihrem PC als Übungsordner erstellt worden ist.

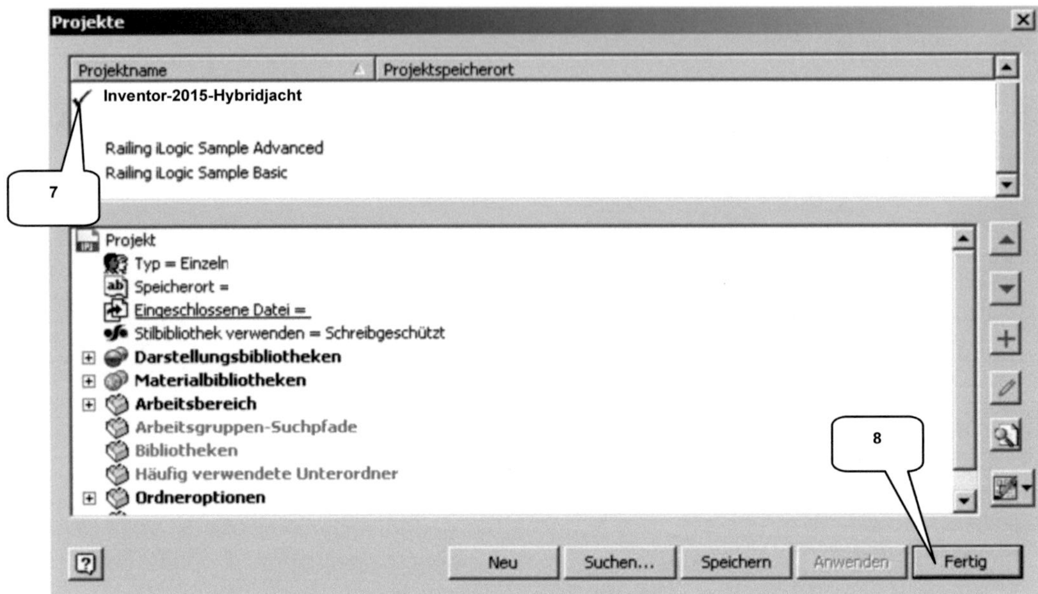

> Projekt „Inventor-2015-Hybridjacht" wurde erzeugt und aktiviert (7)
> ***Fertig*** (8)

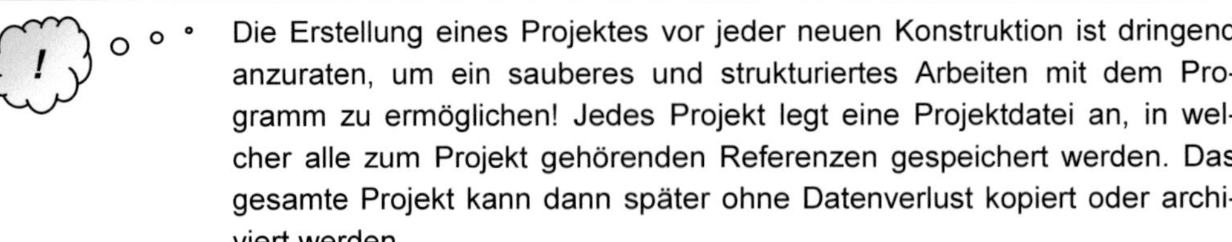

Die Erstellung eines Projektes vor jeder neuen Konstruktion ist dringend anzuraten, um ein sauberes und strukturiertes Arbeiten mit dem Programm zu ermöglichen! Jedes Projekt legt eine Projektdatei an, in welcher alle zum Projekt gehörenden Referenzen gespeichert werden. Das gesamte Projekt kann dann später ohne Datenverlust kopiert oder archiviert werden.

4　Basisrumpf

Agenda

- ➤ Bauteildatei „Rumpf_Speedboot" erstellen
- ➤ Ebenen mit Versatz erzeugen
- ➤ XY-Ebene sichtbar machen
- ➤ 2D-Skizze auf 4. Arbeitsebene erzeugen
- ➤ Achsen projizieren und als Konstruktionsobjekte definieren
- ➤ Zeichnen der ersten Linien mittels dynamischer Werteeingabe
- ➤ 2D-Skizze auf 3. Arbeitsebene erzeugen
- ➤ Skizze ausblenden, Hauptachsen projizieren
- ➤ Linienkonturen zeichnen, bemaßen und abhängig machen
- ➤ 2D-Skizze auf 2. Arbeitsebene erzeugen
- ➤ 2D-Skizze auf 1. Arbeitsebene erzeugen
- ➤ 2D-Skizze auf XY-Ebene erzeugen
- ➤ 2D-Skizzen einblenden, Ebenen ausblenden
- ➤ Erheben des Volumenkörpers
- ➤ Volumenkörper variabel abrunden
- ➤ Volumenkörper spiegeln

4.1 Bauteil „Rumpf_Speedboot" erstellen

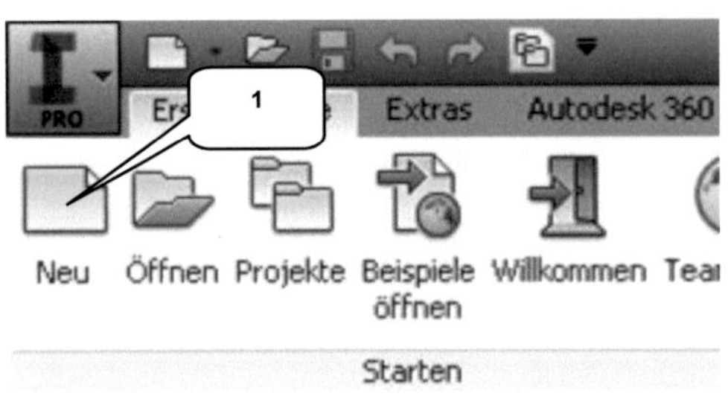

> ***Neu*** (1)
> Templates (2)
> Bauteil: Norm.ipt (3)
> ***Erstellen*** (4)

> ***Skizze fertig stellen*** (5)
> ***Speichern*** (6)
> Dateiname: [Rumpf_Speedboot] (7)
> ***Speichern*** (8)

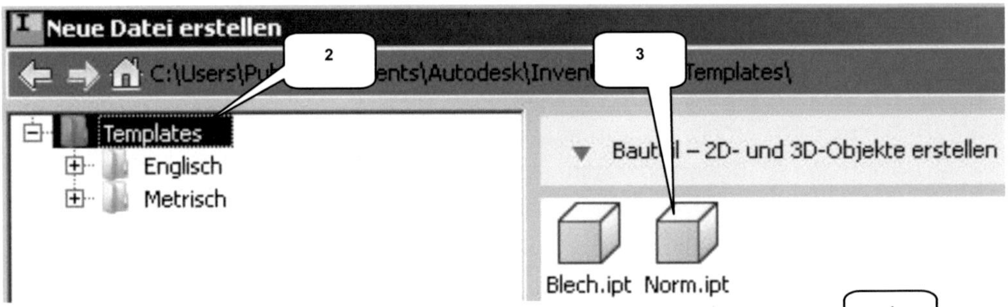

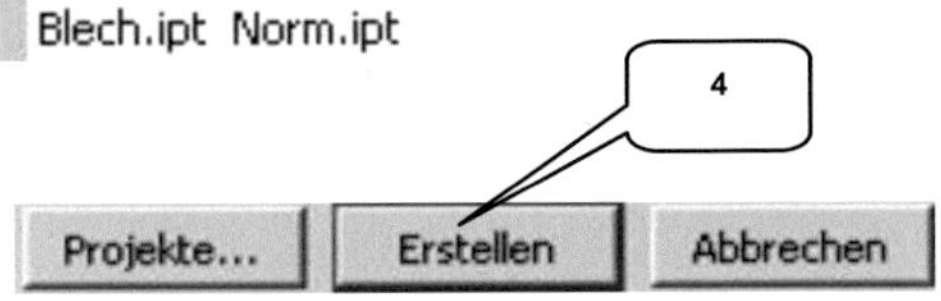

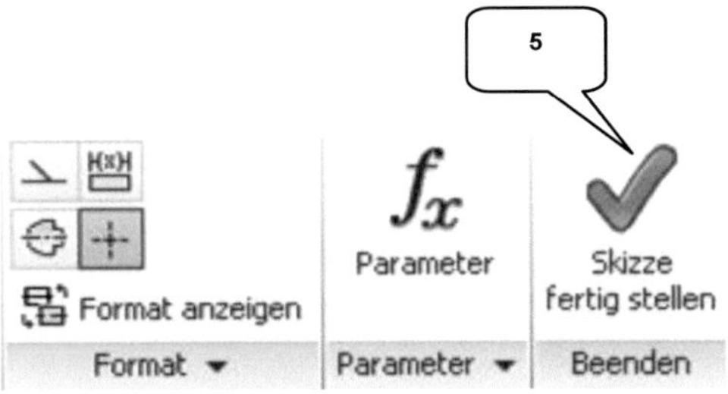

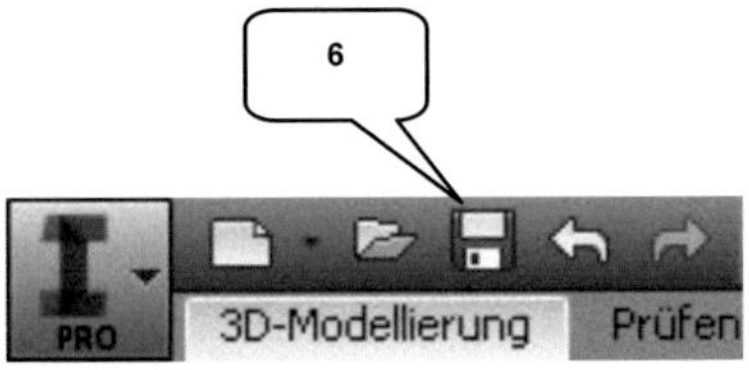

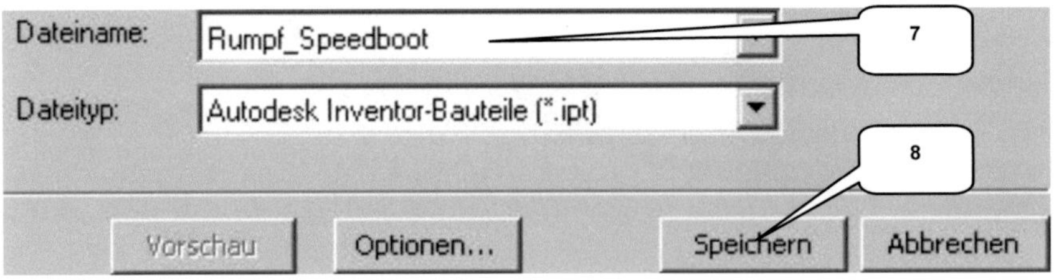

4.2   Ebenen mit Versatz erzeugen

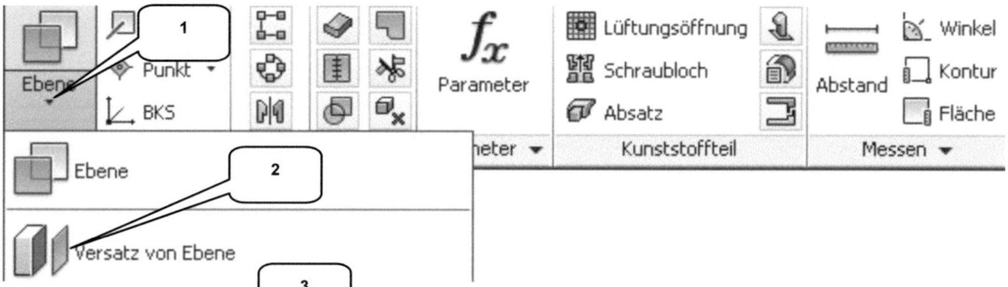

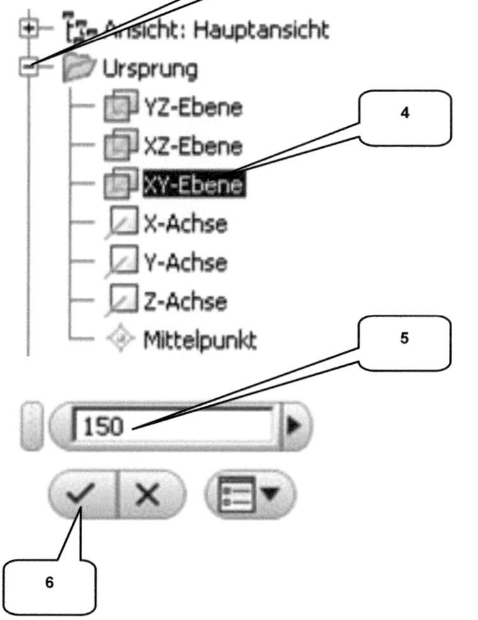

> Befehlsgruppe „Ebenen" erweitern (1)

> ***Versatz von Ebene*** (2)
> Ordner „Ursprung" im Modellbaum erweitern (3)
> XY-Ebene wählen (4)
> Versatzwert: [150] mm (5)
> ***OK*** (6)

Drei weitere Ebenen sind anschließend mit demselben Befehl (***Versatz von Ebene***) in den Abständen ***300***, ***450*** und ***600*** mm zu erzeugen. Als Referenzebene ist ebenfalls die ***XY-Ebene*** des Ordners „Ursprung" zu verwenden.

Einige der Befehlsgruppen sind standardmäßig ausgeblendet und müssen manuell eingeblendet werden. Hierfür mit der rechten Maustaste auf einen beliebigen Bereich der Befehlsleiste klicken und die betreffenden Befehlsgruppen mit der Option „Gruppen anzeigen" ein- oder ausblenden.

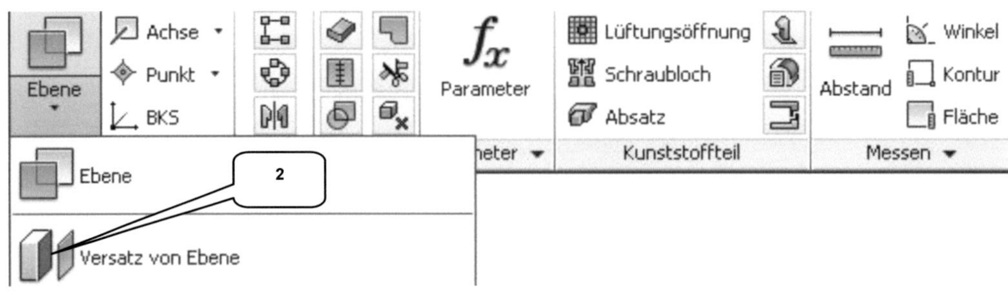

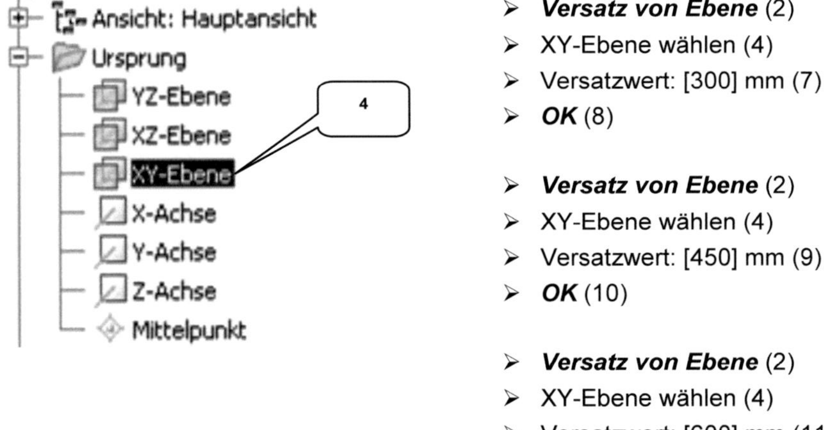

- ➢ **Versatz von Ebene** (2)
- ➢ XY-Ebene wählen (4)
- ➢ Versatzwert: [300] mm (7)
- ➢ **OK** (8)

- ➢ **Versatz von Ebene** (2)
- ➢ XY-Ebene wählen (4)
- ➢ Versatzwert: [450] mm (9)
- ➢ **OK** (10)

- ➢ **Versatz von Ebene** (2)
- ➢ XY-Ebene wählen (4)
- ➢ Versatzwert: [600] mm (11)
- ➢ **OK** (12)

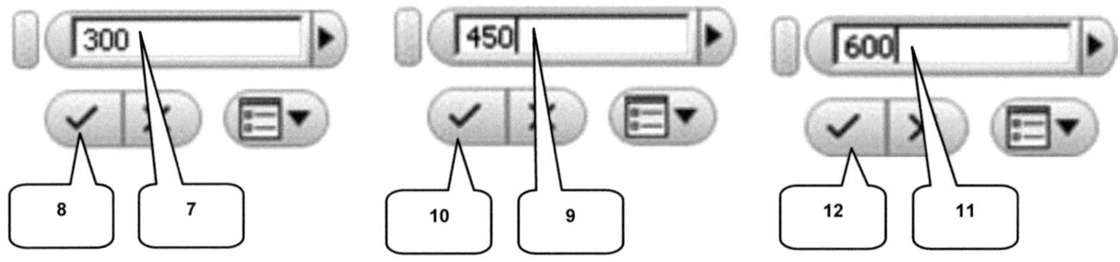

4.3　XY-Ebene sichtbar machen

Die vier neu erzeugten Ebenen sind jetzt sichtbar und können verwendet werden. Die **XY-Ebene** soll ebenfalls sichtbar gemacht werden. Hierfür muss im Modellbaum mit der rechten Maustaste auf die XY-Ebene geklickt und die Option „Sichtbarkeit" aktiviert werden.

4.4 2D-Skizze auf 4. Arbeitsebene erzeugen

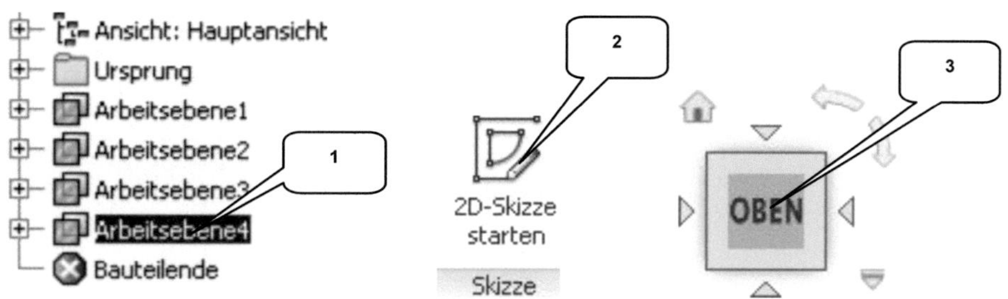

> „Arbeitsebene4" im Modellbaum anklicken (linke Maustaste) (1)

> *2D-Skizze starten* (2)
> *ViewCube-Ansicht: OBEN* (3)

4.5 Achsen projizieren und als Konstruktionsobjekte definieren

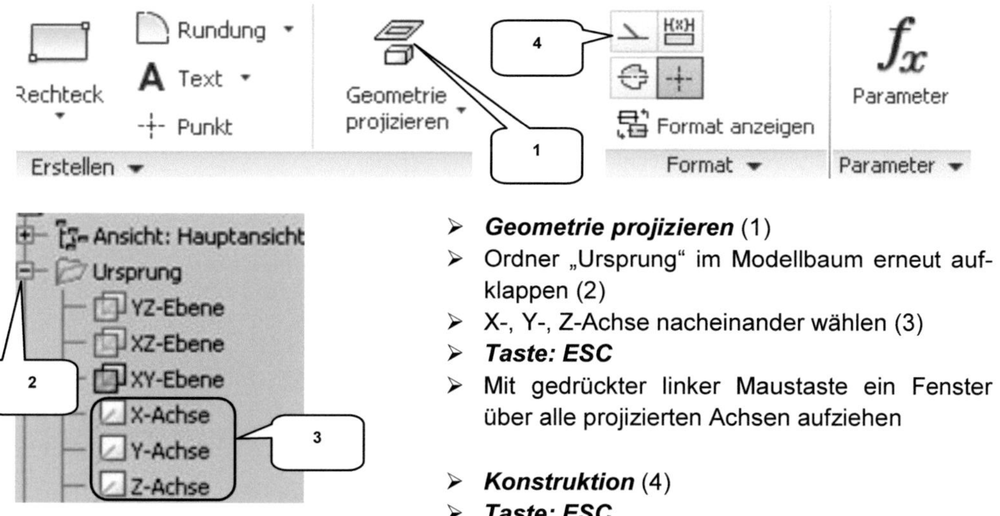

> *Geometrie projizieren* (1)
> Ordner „Ursprung" im Modellbaum erneut aufklappen (2)
> X-, Y-, Z-Achse nacheinander wählen (3)
> *Taste: ESC*
> Mit gedrückter linker Maustaste ein Fenster über alle projizierten Achsen aufziehen

> *Konstruktion* (4)
> *Taste: ESC*

Das Projizieren der drei Hauptachsen sollte bei jeder neuen Skizze durchgeführt werden. Die Achsen können dann als Referenzen verwendet werden, z. B. um Objekte daran auszurichten.

4.6 Zeichnen der ersten Linien mittels dynamischer Werteeingabe

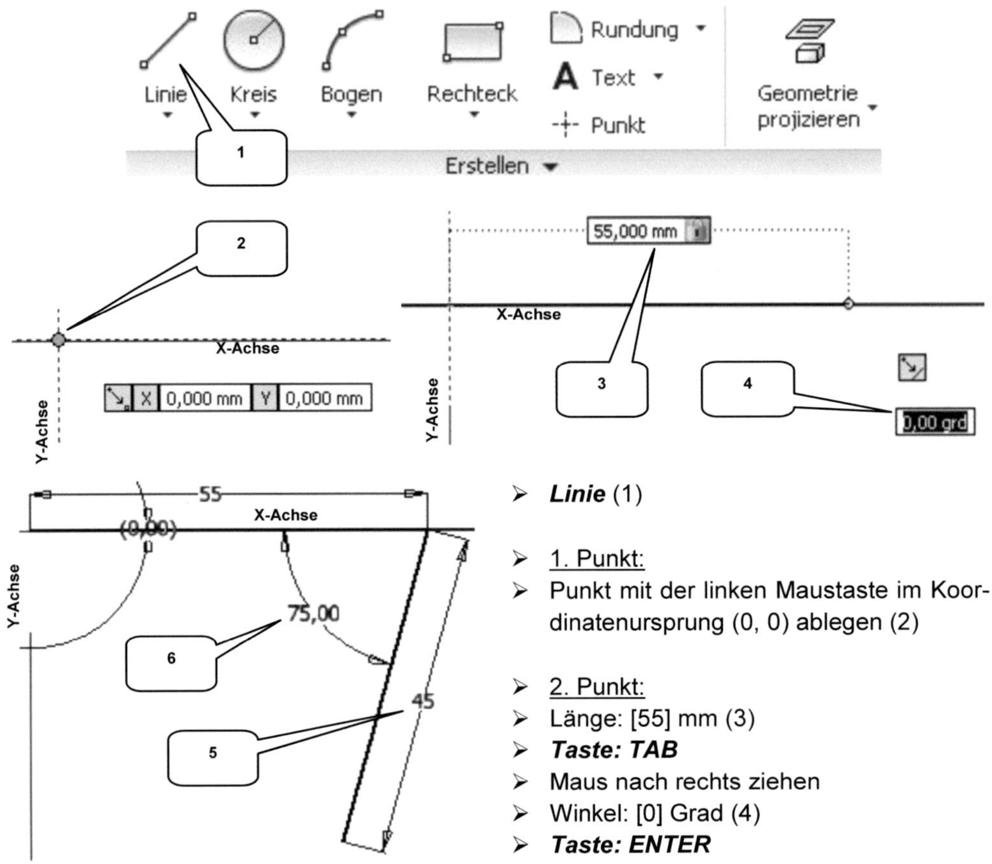

> *Linie* (1)

> 1. Punkt:
> Punkt mit der linken Maustaste im Koordinatenursprung (0, 0) ablegen (2)

> 2. Punkt:
> Länge: [55] mm (3)
> *Taste: TAB*
> Maus nach rechts ziehen
> Winkel: [0] Grad (4)
> *Taste: ENTER*

> 3. Punkt:
> Länge: [45] mm (5)
> *Taste: TAB*
> Maus unterhalb X-Achse ziehen
> Winkel: [75] Grad (6)
> *Taste: ENTER*

Mit der Tabulator-Taste (Taste: TAB) gelangt man in den Eingabebereich der Koordinaten/ Werte. Bei der Winkeleingabe muss auf die Position des Mauspfeils geachtet werden. Je nach Lage des Mauspfeils ändern sich Richtung und Winkel der Linie.

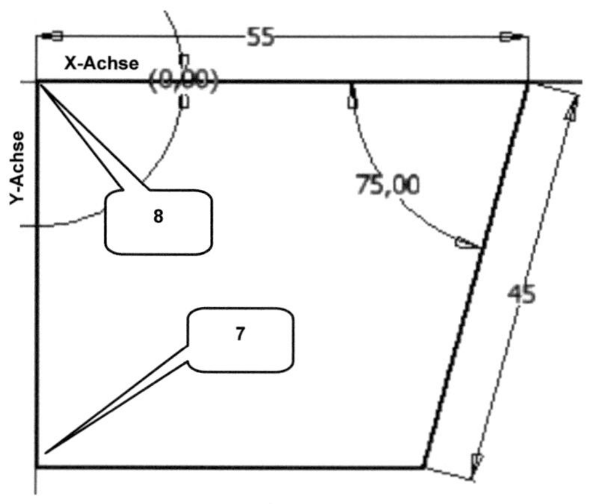

> ➤ 4. Punkt:
> ➤ Maus waagerecht nach links zie-
> hen und mit der linken Maustaste
> (lotrecht) auf der Y-Achse ablegen
> (7)

> ➤ 5. Punkt:
> ➤ Erneut auf den 4. Punkt klicken (7)
> ➤ 5. Punkt im Koordinatenursprung
> ablegen (8)
> ➤ **Taste: ESC**

> ➤ **Skizze fertig stellen** (9)

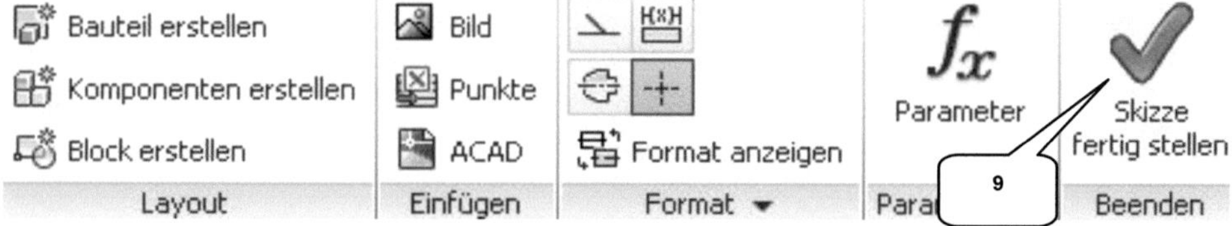

4.7 2D-Skizze auf 3. Arbeitsebene erzeugen

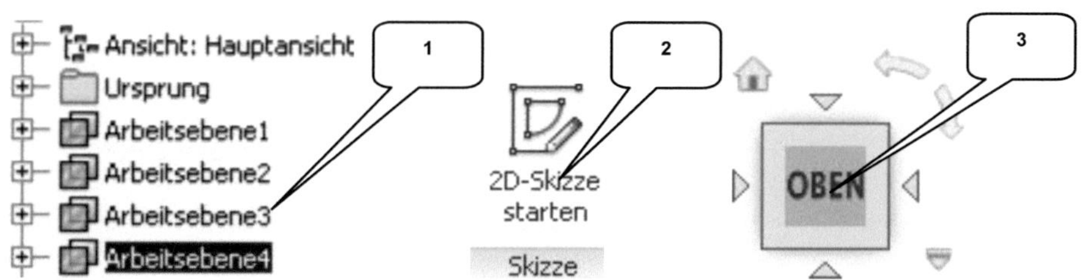

> ➤ „Arbeitsebene3" im Modellbaum markieren (1)

> ➤ **2D-Skizze starten** (2)
> ➤ **ViewCube-Ansicht: OBEN** (3)

4.8 1. Skizze ausblenden, Hauptachsen projizieren

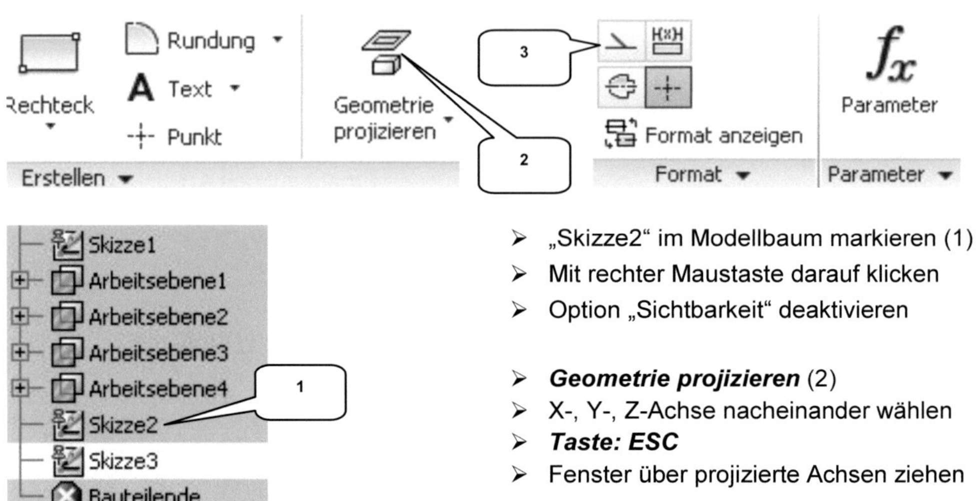

> „Skizze2" im Modellbaum markieren (1)
> Mit rechter Maustaste darauf klicken
> Option „Sichtbarkeit" deaktivieren

> **Geometrie projizieren** (2)
> X-, Y-, Z-Achse nacheinander wählen
> **Taste: ESC**
> Fenster über projizierte Achsen ziehen

> **Konstruktion** (3)
> **Taste: ESC**

4.9 Linienkonturen zeichnen, bemaßen und abhängig machen

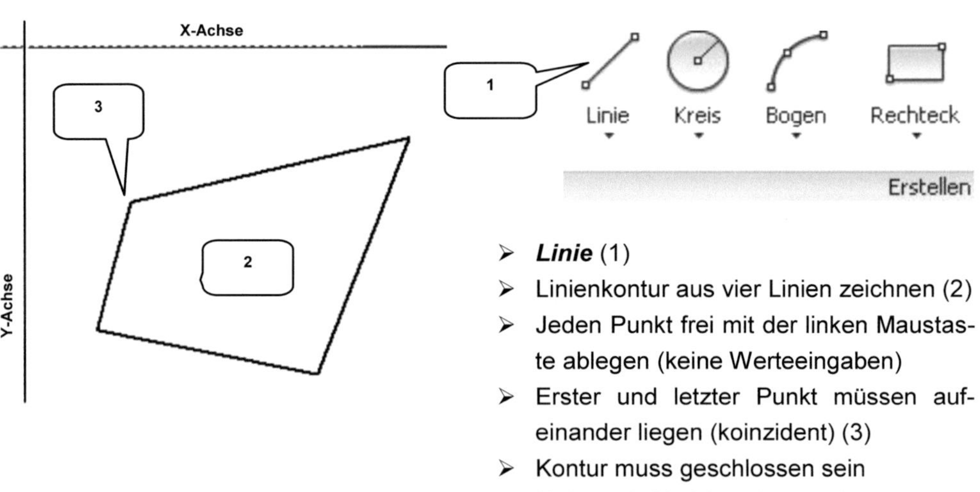

> **Linie** (1)
> Linienkontur aus vier Linien zeichnen (2)
> Jeden Punkt frei mit der linken Maustaste ablegen (keine Werteeingaben)
> Erster und letzter Punkt müssen aufeinander liegen (koinzident) (3)
> Kontur muss geschlossen sein
> Linien mit Absicht schräg zeichnen

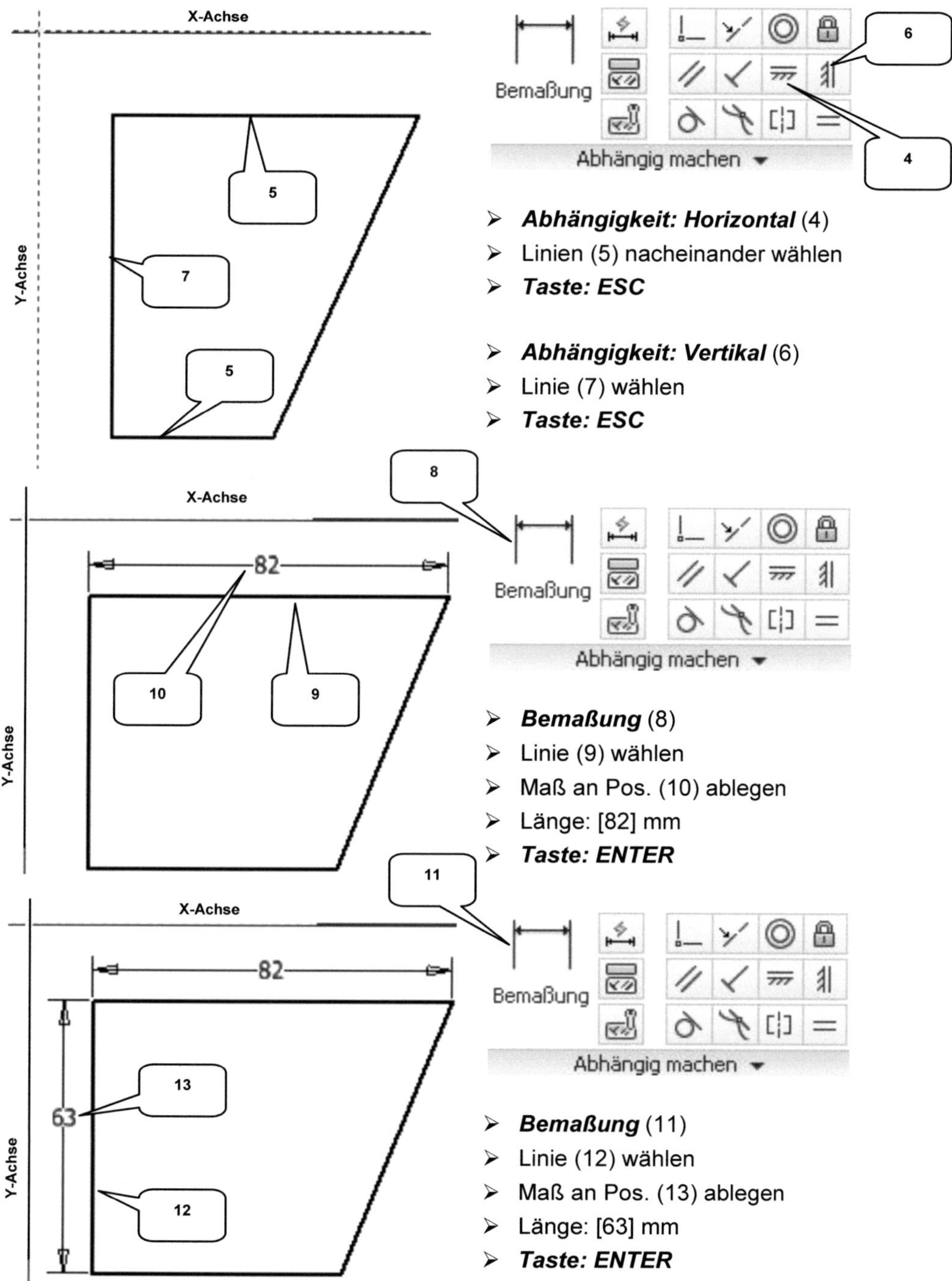
X-Achse
Y-Achse
Bemaßung
6
4
Abhängig machen
5
7
5
➢ Abhängigkeit: Horizontal (4)
➢ Linien (5) nacheinander wählen
➢ Taste: ESC

➢ Abhängigkeit: Vertikal (6)
➢ Linie (7) wählen
➢ Taste: ESC
8
X-Achse
Y-Achse
82
10
9
Bemaßung
Abhängig machen
➢ Bemaßung (8)
➢ Linie (9) wählen
➢ Maß an Pos. (10) ablegen
➢ Länge: [82] mm
➢ Taste: ENTER
11
X-Achse
Y-Achse
82
63
13
12
Bemaßung
Abhängig machen
➢ Bemaßung (11)
➢ Linie (12) wählen
➢ Maß an Pos. (13) ablegen
➢ Länge: [63] mm
➢ Taste: ENTER

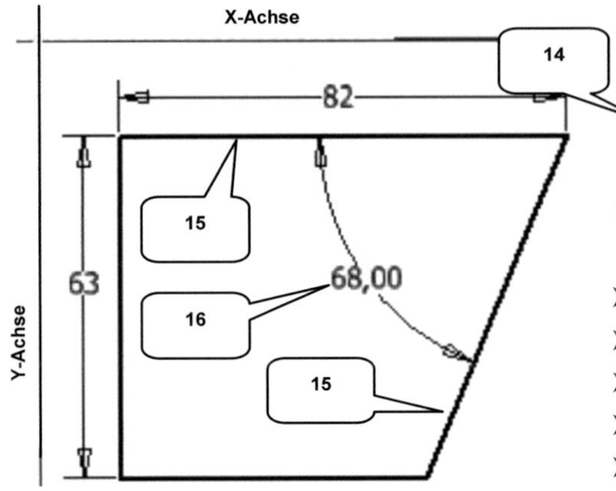

- > ***Bemaßung*** (14)
- > Linien (15) nacheinander wählen
- > Maß an Pos. (16) ablegen
- > Winkel: [68] Grad
- > ***Taste: ENTER***
- > ***Taste: ESC***

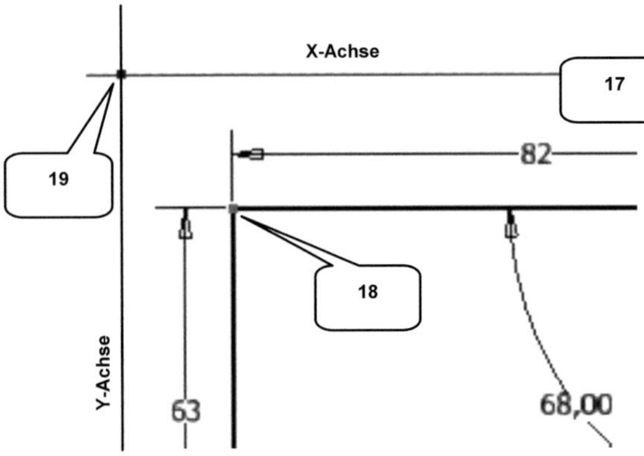

- > ***Abhängigkeit: Koinzident*** (17)
- > Punkt (18) wählen
- > Punkt (19) wählen (Koordinatenurspr.)
- > ***Taste: ESC***

- > ***Skizze fertig stellen***

4.10   2D-Skizze auf 2. Arbeitsebene erzeugen

- > „Arbeitsebene2" im Modellbaum markieren (1)

- > ***2D-Skizze starten***
- > ***ViewCube-Ansicht: OBEN***

- > „Skizze3" im Modellbaum markieren
- > Mit rechter Maustaste darauf klicken
- > Bei „Sichtbarkeit" den Haken entfernen

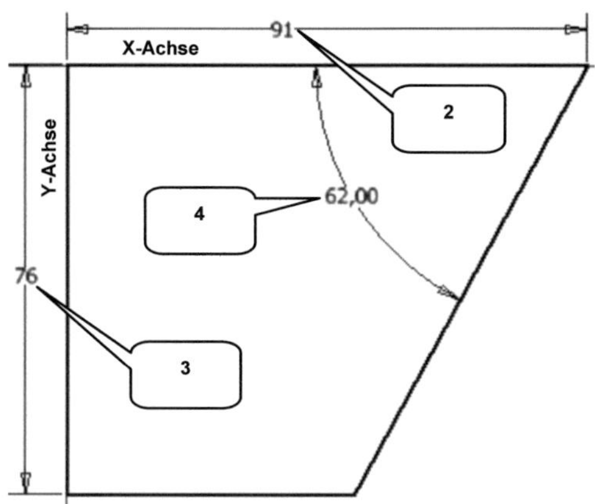

> ➤ **Geometrie projizieren**
> ➤ X-, Y-, Z-Achse nacheinander wählen
> ➤ **Taste: ESC**
> ➤ Fenster über projizierte Linien ziehen
>
> ➤ **Konstruktion**
> ➤ **Taste: ESC**
>
> ➤ **Linie, Bemaßung**
> ➤ Geschl. Kontur zeichnen und bemaßen
> ➤ 1. Länge: [91] mm (2)
> ➤ 2. Länge: [76] mm (3)
> ➤ 3. Winkel: [62] Grad (4)
>
> ➤ **Skizze fertig stellen**

4.11   2D-Skizze auf 1. Arbeitsebene erzeugen

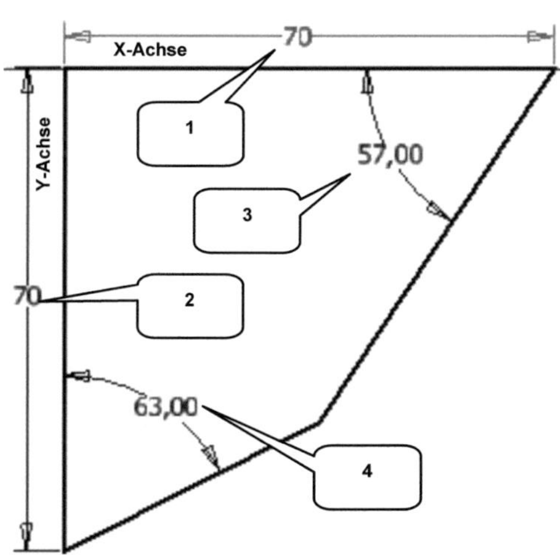

> ➤ „Arbeitsebene1" im Modellbaum markieren
>
> ➤ **2D-Skizze starten**
> ➤ **ViewCube-Ansicht: OBEN**
>
> ➤ Sichtbarkeit von „Skizze4" entfernen
>
> ➤ **Geometrie projizieren**
> ➤ X-, Y-, Z-Achse projizieren
> ➤ **Taste: ESC**
> ➤ Fenster über projizierte Linien ziehen und Linien als **Konstruktion** definieren
>
> ➤ **Linie, Bemaßung**
> ➤ Geschl. Kontur zeichnen und bemaßen
> ➤ 1. Länge: [70] mm (1)
> ➤ 2. Länge: [70] mm (2)
> ➤ 3. Winkel: [57] Grad (3)
> ➤ 4. Winkel: [63] Grad (4)
>
> ➤ **Skizze fertig stellen**

4.12 2D-Skizze auf XY-Ebene erzeugen

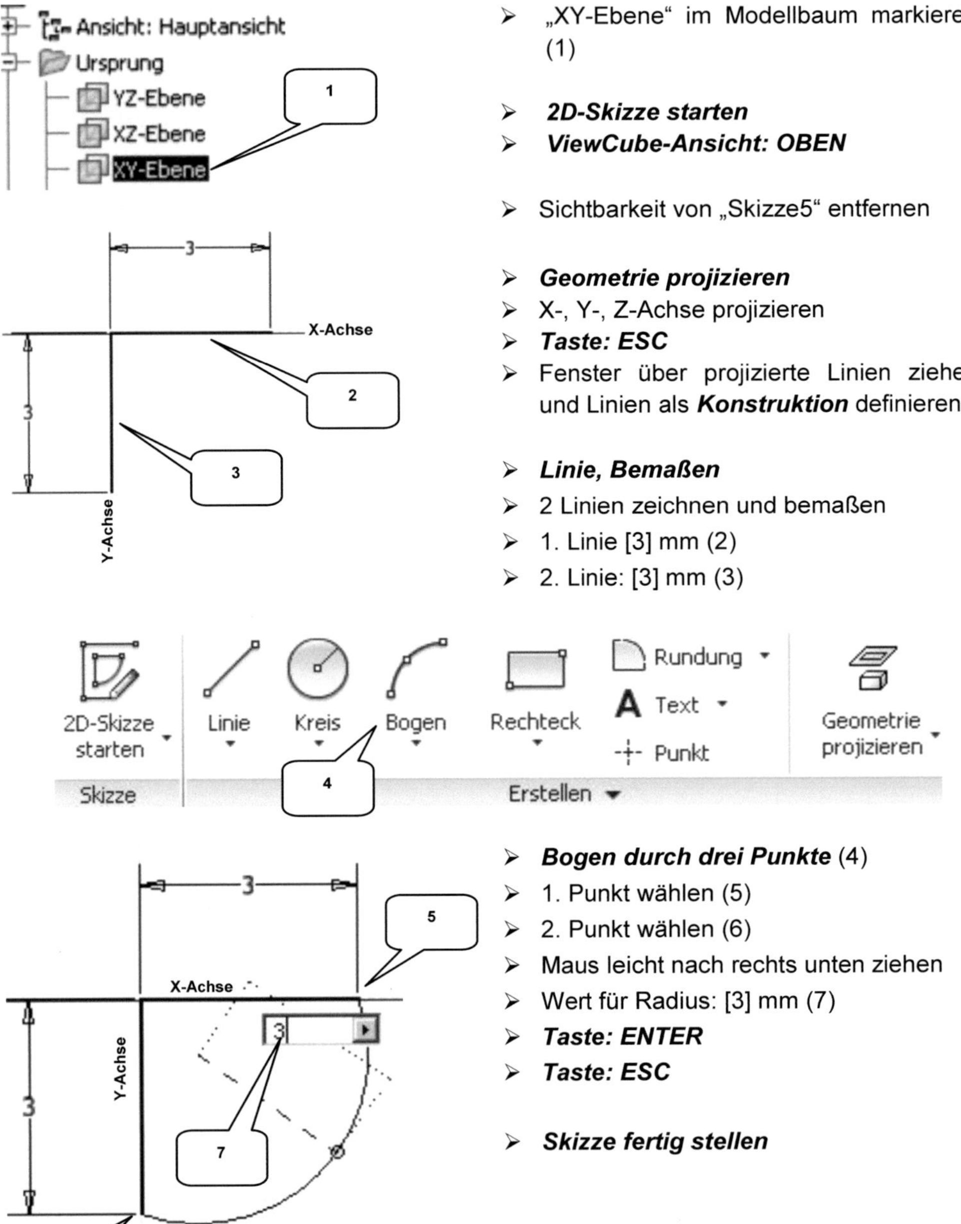

> „XY-Ebene" im Modellbaum markieren (1)

> *2D-Skizze starten*
> *ViewCube-Ansicht: OBEN*

> Sichtbarkeit von „Skizze5" entfernen

> *Geometrie projizieren*
> X-, Y-, Z-Achse projizieren
> *Taste: ESC*
> Fenster über projizierte Linien ziehen und Linien als *Konstruktion* definieren

> *Linie, Bemaßen*
> 2 Linien zeichnen und bemaßen
> 1. Linie [3] mm (2)
> 2. Linie: [3] mm (3)

> *Bogen durch drei Punkte* (4)
> 1. Punkt wählen (5)
> 2. Punkt wählen (6)
> Maus leicht nach rechts unten ziehen
> Wert für Radius: [3] mm (7)
> *Taste: ENTER*
> *Taste: ESC*

> *Skizze fertig stellen*

4.13 2D-Skizzen einblenden, Ebenen ausblenden

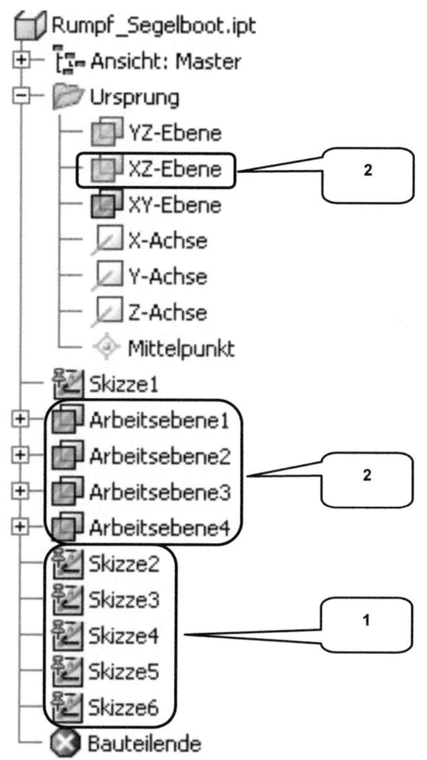

➢ Skizzen einblenden:

➢ Skizze 2 bis 5 im Modellbaum bei gedrückter *Taste: STRG* und linker Maustaste nacheinander markieren (1)

➢ Mit rechter Maustaste auf eine der markierten Skizzen klicken

➢ Haken bei „Sichtbarkeit" setzen (alle 5 Skizzen sollten jetzt sichtbar sein)

➢ Ebenen ausblenden:

➢ XY-Ebene und Arbeitsebenen 1 bis 4 im Modellbaum bei gedrückter *Taste: STRG* und linker Maustaste nacheinander markieren (2)

➢ Mit rechter Maustaste auf eine der markierten Ebenen klicken

➢ Haken bei „Sichtbarkeit" entfernen (alle Ebenen sollten ausgeblendet sein)

4.14 Volumenkörper als Erhebung erzeugen

Mit dem Befehl „Erhebung" (1) können (geschlossene) Konturen aus mehreren 2D-Skizzen miteinander verbunden werden. Er befindet sich in der erweiterten Befehlsgruppe „Sweeping".

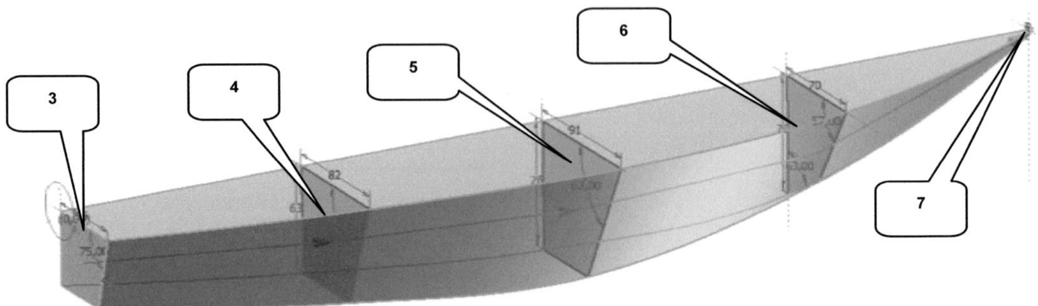

> **Erhebung** (1)
> Hinzu: Klicken (2)
> Nacheinander „Skizze2",
> „Skizze3", „Skizze4", „Skiz-
> ze5" und „Skizze6" in selbi-
> ger Reihenfolge im Modell-
> baum wählen (3...7)
> Option: Volumenkörper (8)
> Option: Verlaufsführung (9)
> **OK**

4.15   *Volumenkörper abrunden (variable Rundung)*

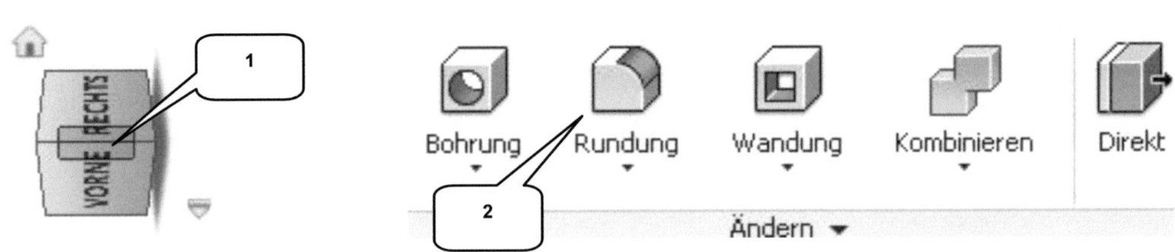

> **ViewCube-Ansicht:** Kante zwischen
> **VORNE** und **RECHTS** (1)

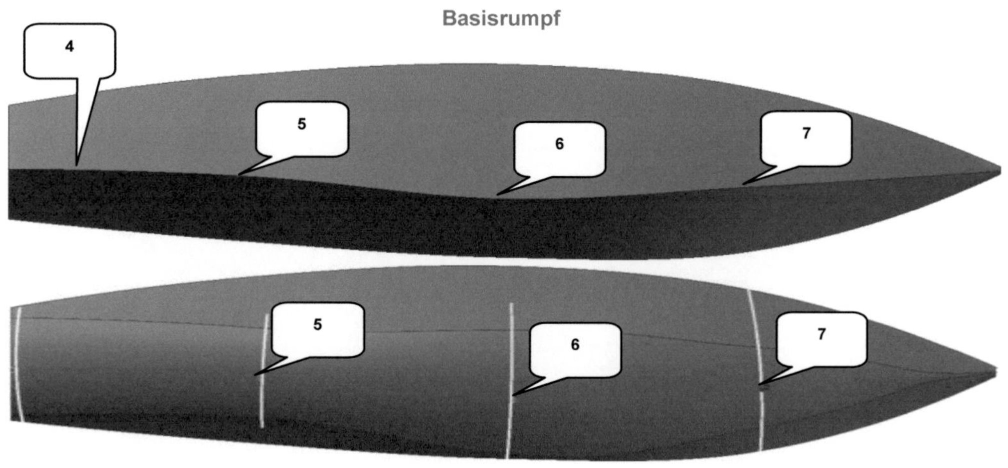

- ➢ **_Rundung_** (2)
- ➢ Reiter: Variabel (3)
- ➢ Kante am Volumenkörper wählen (4)
- ➢ 1. Punkt auf Kante setzen (5)
- ➢ 2. Punkt auf Kante setzen (6)
- ➢ 3. Punkt auf Kante setzen (7)
- ➢ Startpunkt-Radius: [50] mm (8)
- ➢ Endpunkt-Radius: [3] mm (9)
- ➢ 1. Punkt-Radius: [50] mm (10)
- ➢ 1. Punkt-Position: [0,25] mm (10)
- ➢ 2. Punkt-Radius: [75] mm (11)
- ➢ 2. Punkt-Position: [0,5] mm (11)
- ➢ 3. Punkt-Radius: [100] mm (12)
- ➢ 3. Punkt-Position: [0,75] mm (12)
- ➢ Aktivieren: Radiusübergang glätten (13)
- ➢ **_OK_**

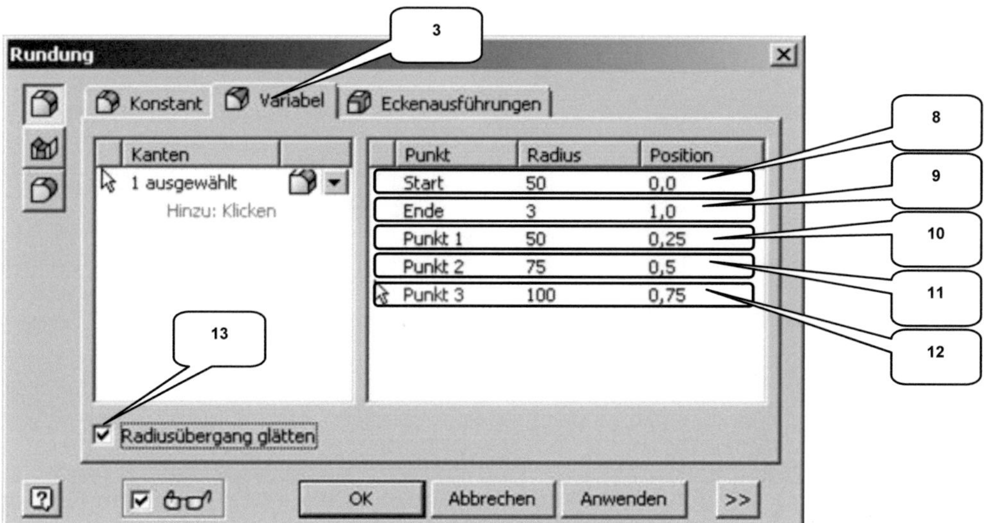

4.16 Volumenkörper spiegeln

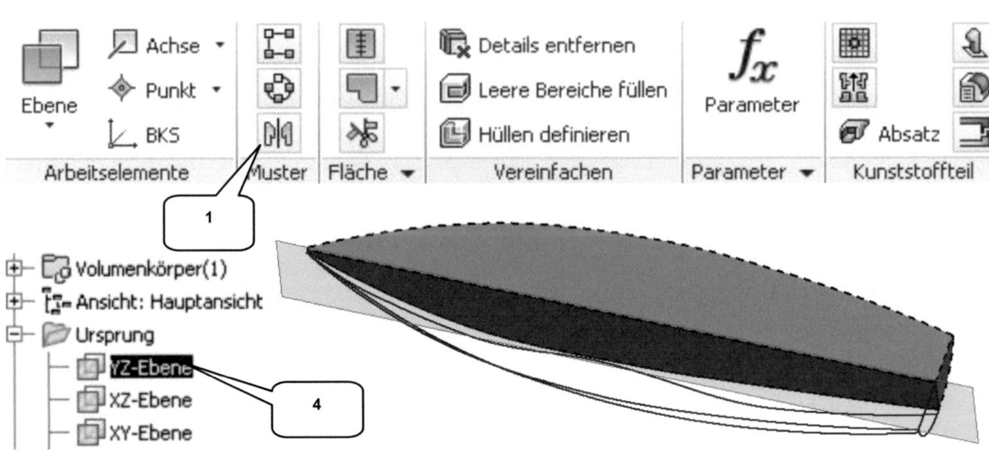

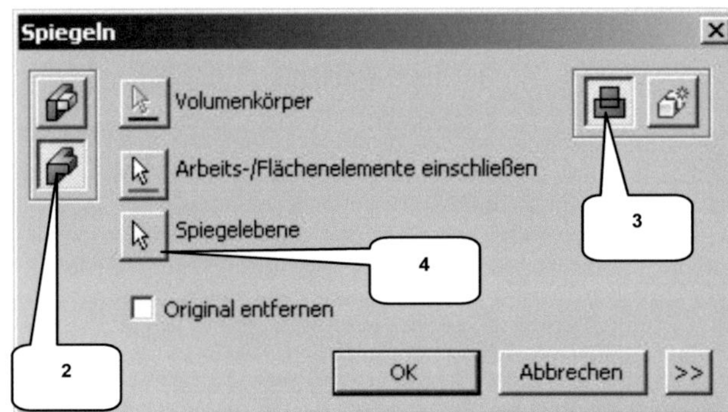

> ➤ **Spiegeln** (1)
> ➤ Option: Volumenkörper (2)
> ➤ Option: Vereinigung (3)
> ➤ Spiegelebene: YZ-Ebene (4)
> ➤ **OK**

Ein freies Drehen der Ansicht kann auch durch ein Bewegen der Maus bei gedrückter **Taste: SHIFT**, in Kombination mit der mittleren Maustaste (Scrollrad) erfolgen.

5 Aufbauten (Speedboot)

Agenda

- ➢ 2D-Skizze für Basiskörper zeichnen
- ➢ Basiskörper extrudieren
- ➢ 2D-Skizze für Differenzkörper zeichnen
- ➢ Differenzkörper extrudieren
- ➢ Aufbauten abrunden
- ➢ Trennebene erzeugen
- ➢ Volumenkörper in zwei Hälften trennen
- ➢ Kopie der Datei als „Rumpf_Segelboot" speichern
- ➢ Aufbauten mit Wandstärke versehen
- ➢ Ebene für neue 2D-Skizze erzeugen
- ➢ 2D-Skizze für Lüftungsöffnungen zeichnen
- ➢ Lüftungsöffnung einfügen
- ➢ Bugspitze mit Kugel versehen
- ➢ Ebene für neue 2D-Skizze erzeugen
- ➢ 2D-Skizze für Dachverstrebung zeichnen
- ➢ Dachverstrebung als Rippe erzeugen
- ➢ Spiegeln der Dachverstrebung
- ➢ 2D-Skizze für Fensteraussparungen erzeugen
- ➢ Fensteraussparungen extrudieren
- ➢ Farben zuweisen
- ➢ Sichtbarkeit der Ebenen entfernen, Datei speichern

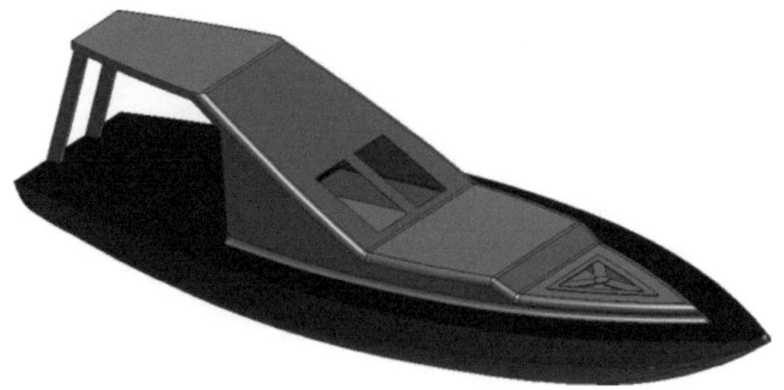

5.1   2D-Skizze für Basiskörper zeichnen

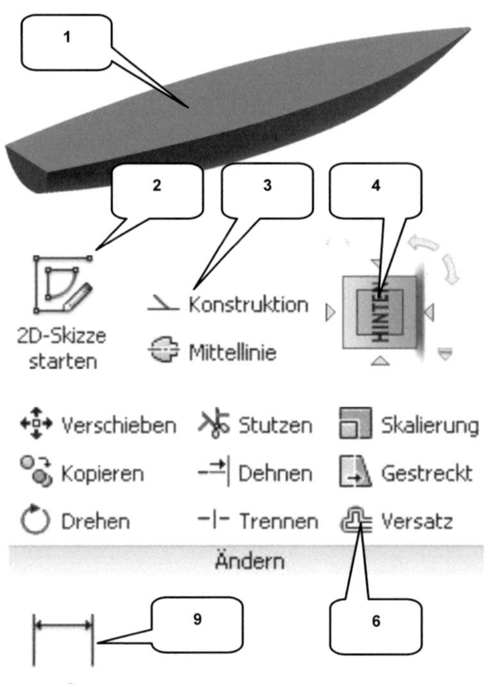

➢ Fläche markieren (1)

➢ **2D-Skizze starten** (2)
➢ Fenster über gesamten Rumpf ziehen

➢ **Konstruktion** (3)
➢ **Taste: ESC**

➢ **ViewCube-Ansicht: HINTEN** (4)

➢ Mit rechter Maustaste auf die markierte (kurze), Linie am Bug klicken (5)
➢ Option „Verknüpfung lösen" wählen
➢ Erneut mit rechter Maustaste auf Linie (5) klicken
➢ Option „Löschen" wählen

➢ **Versatz** (6)
➢ Markierte, projizierte Linie (7) wählen und Kopie auf Pos. (8) ablegen

➢ **Bemaßung** (9)
➢ Linien (10) und (11) wählen
➢ Maß an Pos. (12) ablegen
➢ Wert: [30] mm
➢ **Taste: ESC**

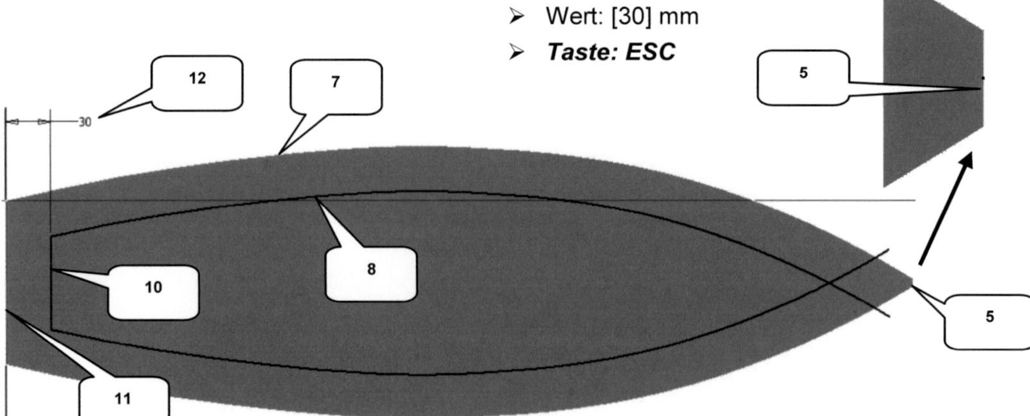

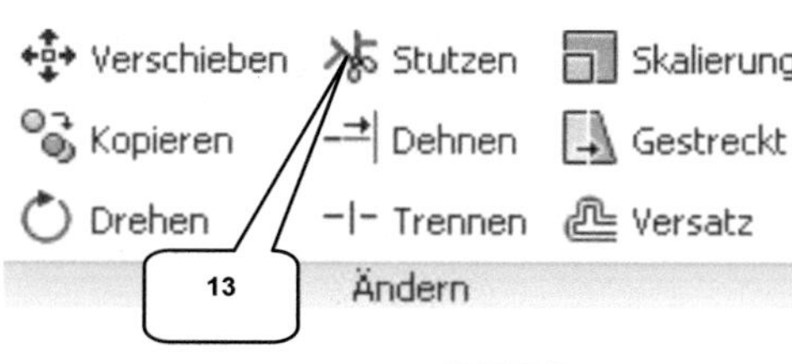

> ***Stutzen*** (13)
> Überstehende Linienenden wählen (14)
> ***Taste: ESC***

> ***Skizze fertig stellen***

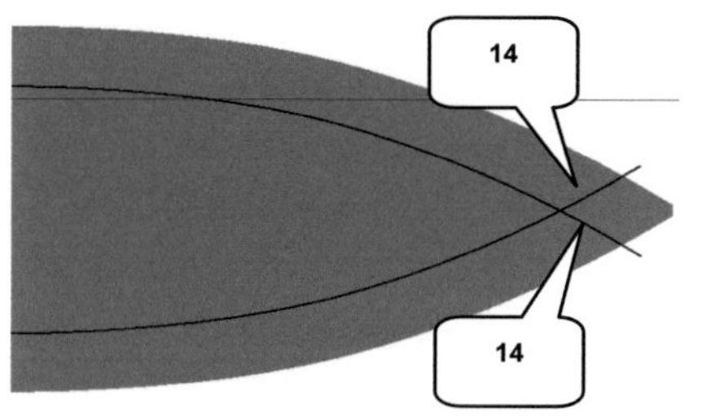

5.2 Basiskörper extrudieren

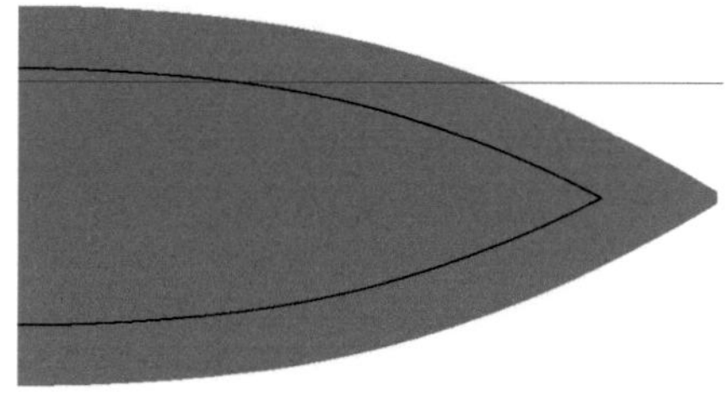

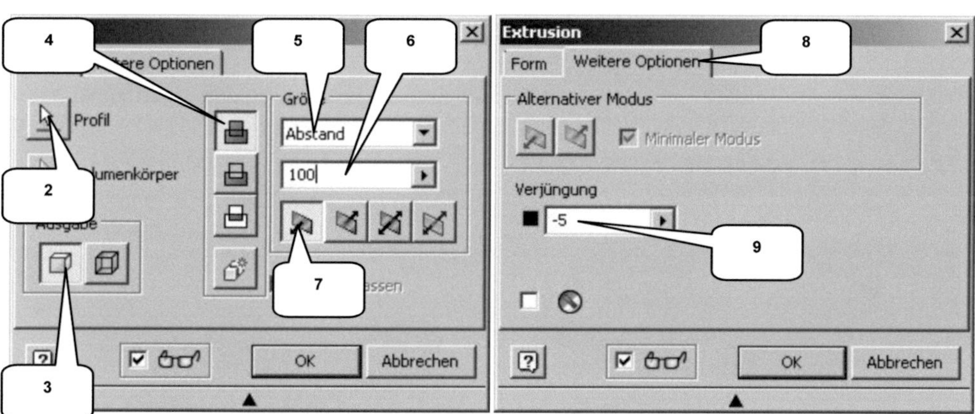

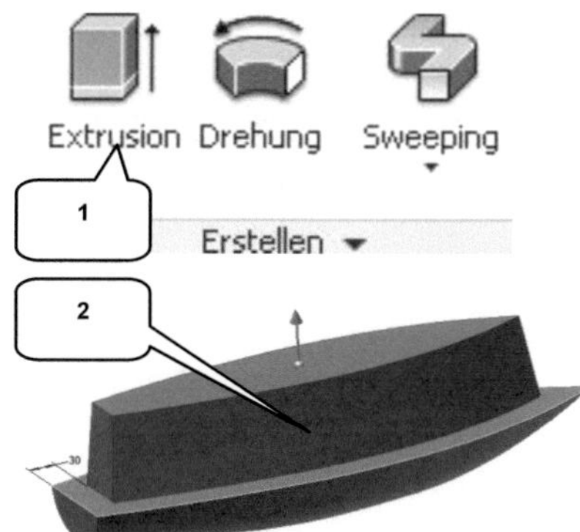

> ***Extrusion*** (1)
> Profil wird automatisch erkannt (2)
> Ausgabe: Volumenkörper (3)
> Option: Vereinigung (4)
> Größe: Abstand (5)
> Wert: [100] mm (6)
> Richtung: 1 (7)
> <u>Reiter: Weitere Optionen</u>: (8)
> Verjüngung: [-5] Grad (9)
> ***OK***

5.3   2D-Skizze für Differenzkörper zeichnen

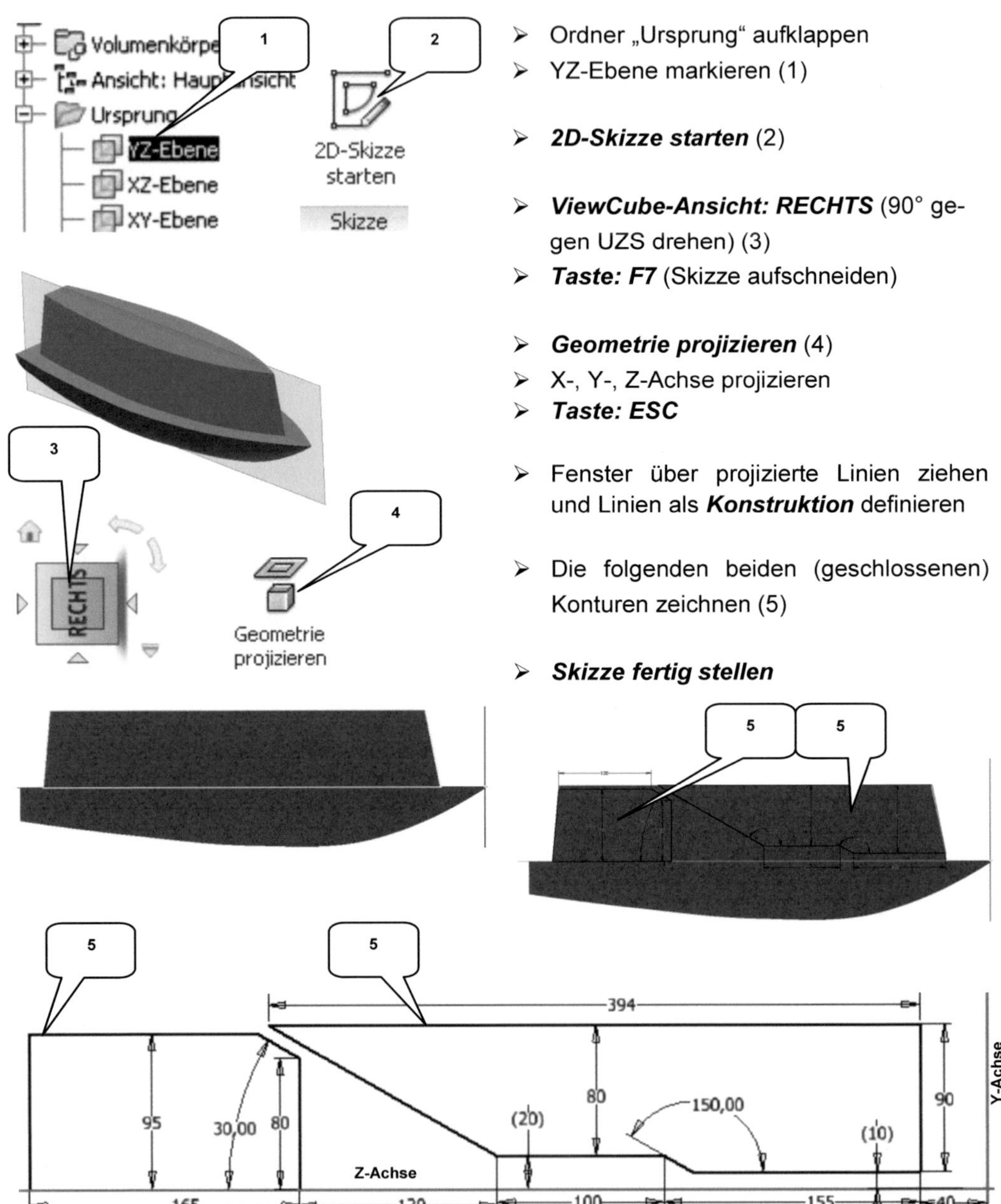

> Ordner „Ursprung" aufklappen
> YZ-Ebene markieren (1)

> ***2D-Skizze starten*** (2)

> ***ViewCube-Ansicht: RECHTS*** (90° gegen UZS drehen) (3)
> ***Taste: F7*** (Skizze aufschneiden)

> ***Geometrie projizieren*** (4)
> X-, Y-, Z-Achse projizieren
> ***Taste: ESC***

> Fenster über projizierte Linien ziehen und Linien als ***Konstruktion*** definieren

> Die folgenden beiden (geschlossenen) Konturen zeichnen (5)

> ***Skizze fertig stellen***

5.4 Differenzkörper extrudieren

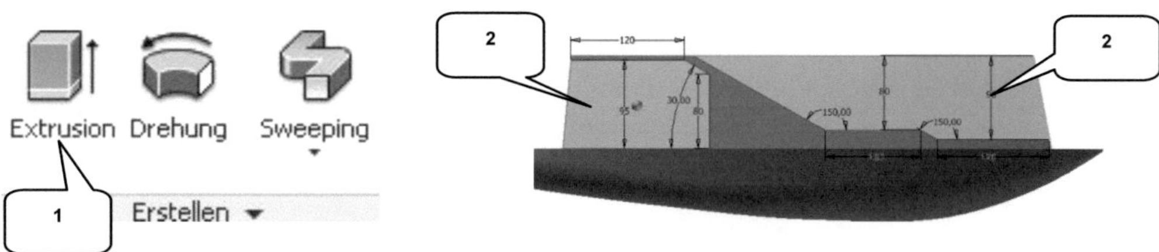

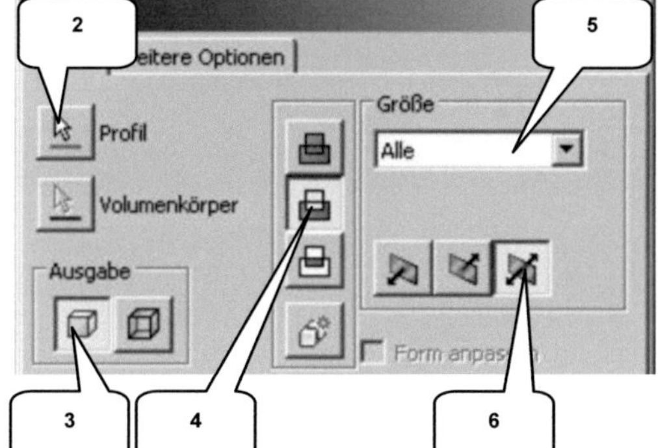

> ➢ **Extrusion** (1)
> ➢ Beide Profile wählen (2)
> ➢ Ausgabe: Volumenkörper (3)
> ➢ Option: Differenz (4)
> ➢ Größe: Alle (5)
> ➢ Richtung: Symmetrisch (6)
> ➢ **OK**

5.5 Aufbauten abrunden (konstante Rundung)

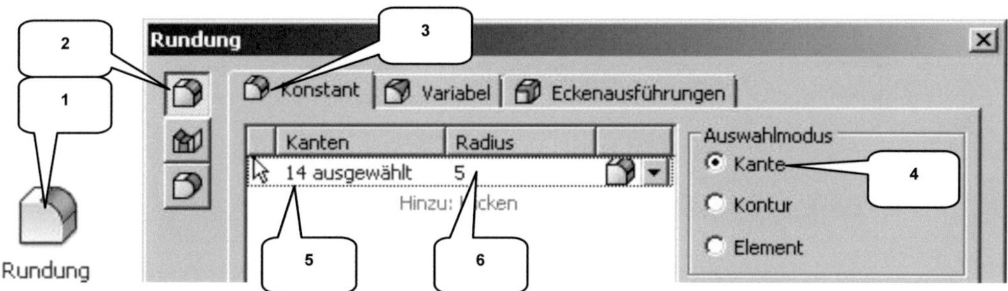

➢ **Rundung** (1)

➢ Option: Kantenabrundung (2)

➢ Option: Konstant (3)

➢ Auswahlmodus: Kante (4)

➢ Kanten (5) wählen (insgesamt 14, siehe Abb. auf der folgenden Seite)

➢ Radius: [5] mm (6)

➢ **OK**

Falsch markierte Kanten können wieder deaktiviert werden, wenn diese bei gedrückter **Taste: STRG** in Kombination mit der linken Maustaste angeklickt werden.

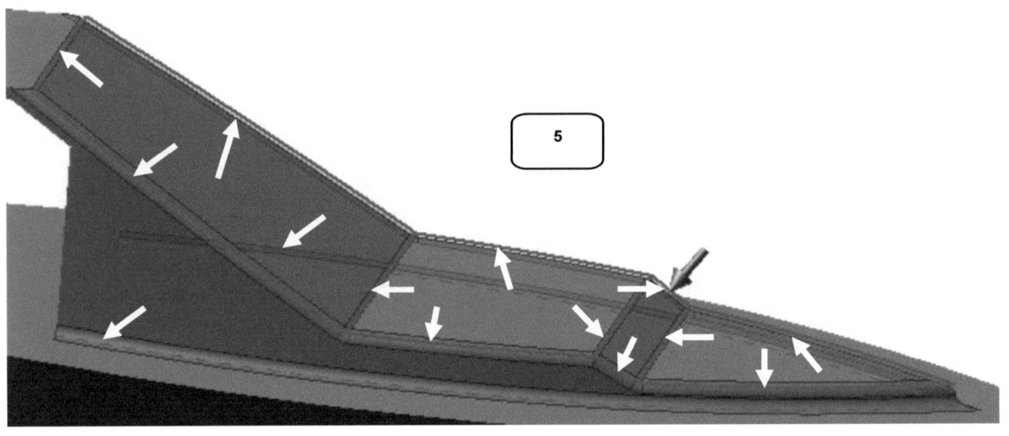

5.6 Trennebene erzeugen

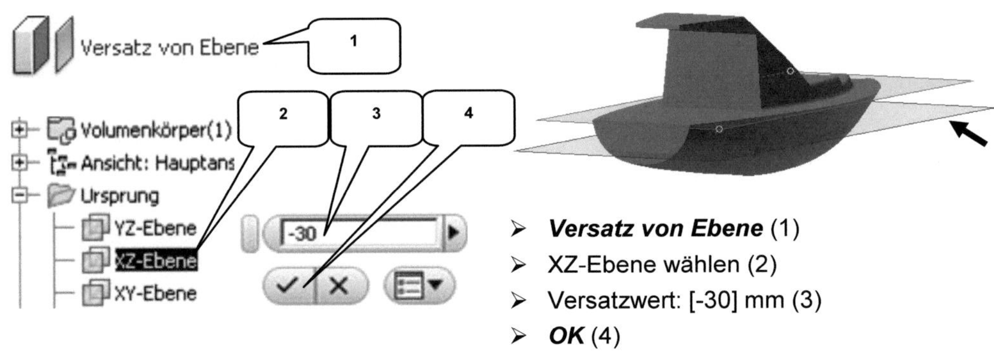

> *Versatz von Ebene* (1)
> XZ-Ebene wählen (2)
> Versatzwert: [-30] mm (3)
> *OK* (4)

5.7 Volumenkörper in zwei Hälften trennen

> *Teilen* (1)
> Option: Volumenkörper teilen (2)
> Trennwerkzeug: Arbeitsebene (3)
> *OK*

> Arbeitsebene markieren (3)
> Rechte Maustaste > Option „Sichtbarkeit" deaktivieren

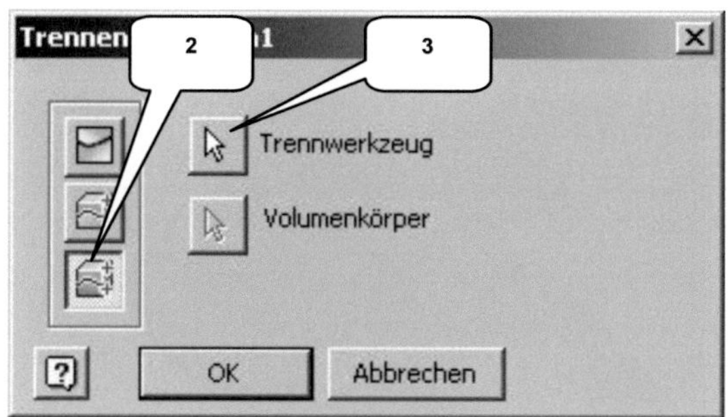

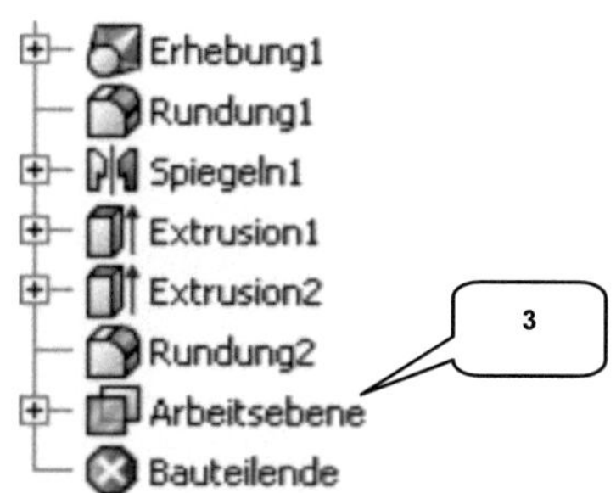

5.8 Kopie der Datei als „Rumpf_Segelboot" speichern

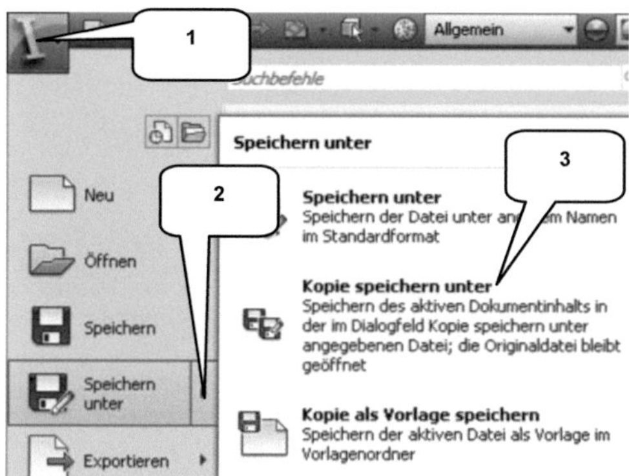

> **Hauptmenü** (1)
> **Speichern unter** (2)
> **Kopie speichern unter** (3)
> Dateiname: [Rumpf_Segelboot] (4)
> Dateityp: *.ipt
> **Speichern**

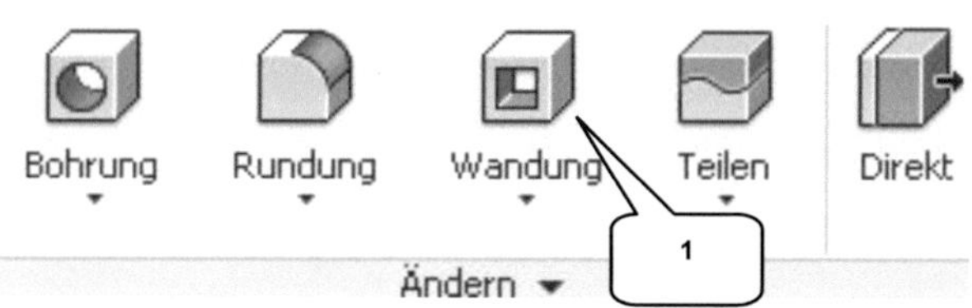

5.9 Aufbauten mit einer Wandstärke versehen

> **Wandung** (1)
> Option: Innerhalb (2)
> Flächen entfernen: Fläche (3) wählen

> Aktivieren: Angrenzende Flächen (4)
> Stärke: [0,5] mm (5)
> **OK**

Nach dem Trennen des Volumenkörpers werden im Modellbaum (Ordner: Volumenkörper) zwei Volumenkörper angezeigt, welche einzeln bearbeitet werden können.

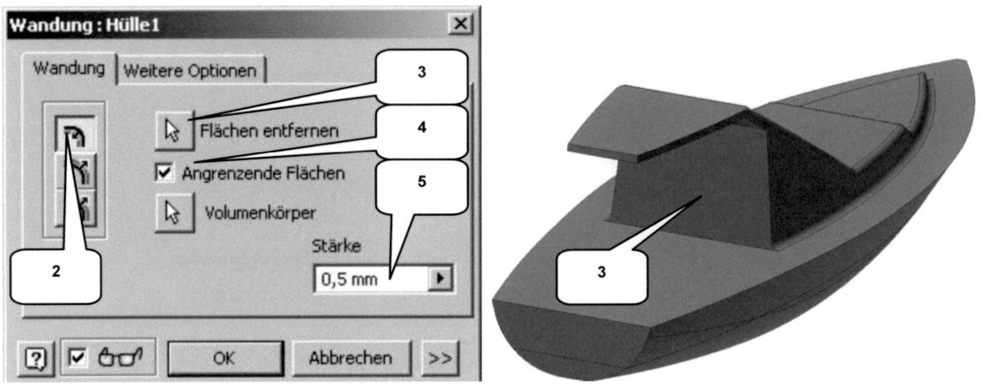

5.10   Ebene für neue 2D-Skizze erzeugen

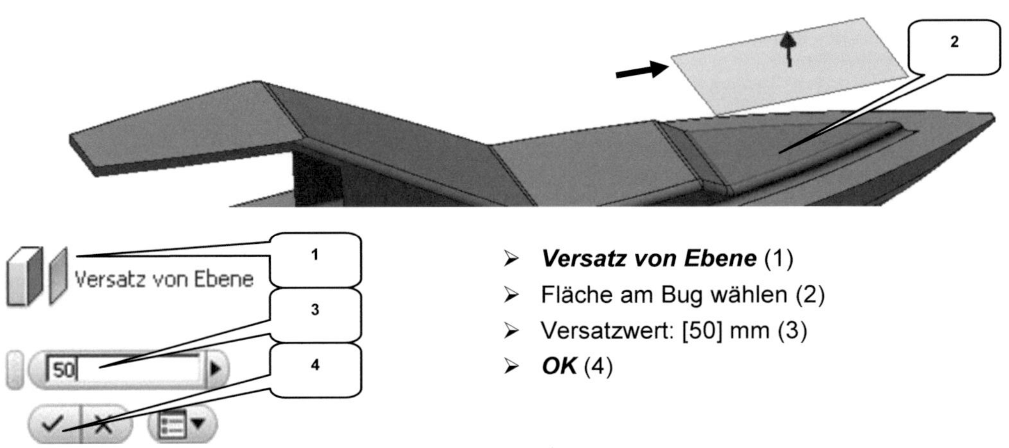

> ***Versatz von Ebene*** (1)
> Fläche am Bug wählen (2)
> Versatzwert: [50] mm (3)
> ***OK*** (4)

5.11   2D-Skizze für Lüftungsöffnungen zeichnen

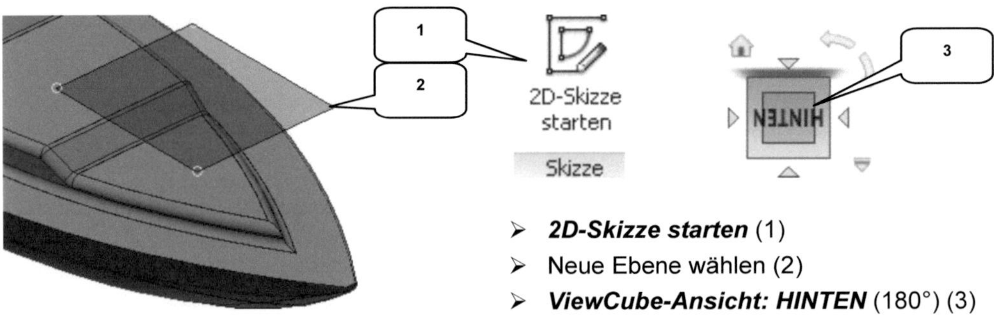

> ***2D-Skizze starten*** (1)
> Neue Ebene wählen (2)
> ***ViewCube-Ansicht: HINTEN*** (180°) (3)

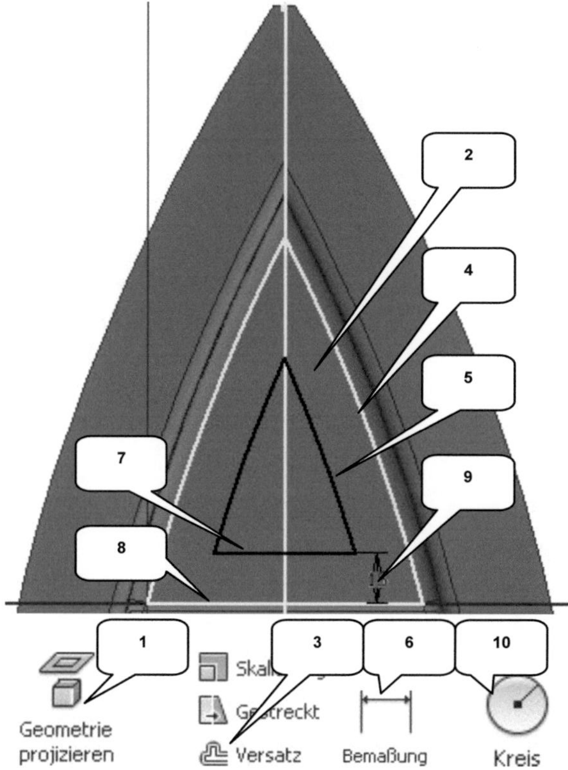

- > *Geometrie projizieren* (1)
- > Z-Achse wählen (Modellbaum)
- > Fläche (2) wählen
- > *Taste: ESC*
- > Fenster über alle projizierten Elemente ziehen

- > *Konstruktion*
- > *Taste: ESC*

- > *Versatz* (3)
- > Projizierte Kontur (4) wählen
- > Kopie an Pos. (5) ablegen
- > *Taste: ESC*

- > *Bemaßung* (6)
- > Linien (7, 8) nacheinander wählen
- > Maß an Pos. (9) ablegen
- > Bemaßungswert: [15] mm
- > *OK*
- > *Taste: ESC*

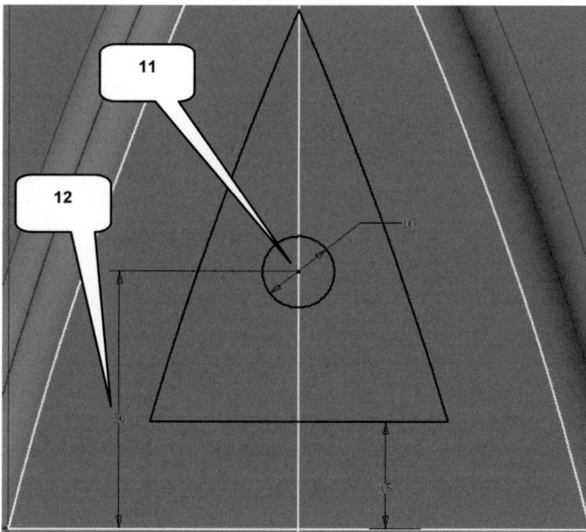

- > *Kreis durch Mittelpunkt* (10)
- > Mittelpunkt an Pos. (11) ablegen
- > Durchmesser: [10] mm
- > *Taste: ENTER*
- > *Taste: ESC*

- > *Bemaßung* (6)
- > Kreismittelpunkt (11) wählen
- > Linie (8) wählen
- > Maß an Pos. (12) ablegen
- > Bemaßungswert: [36] mm
- > *OK*
- > *Taste: ESC*

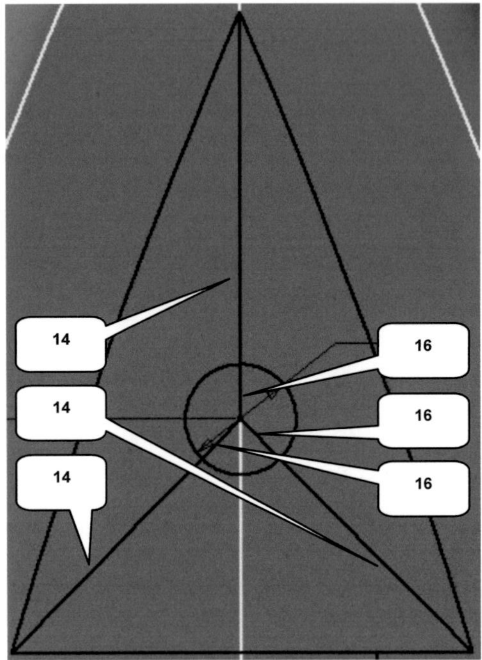

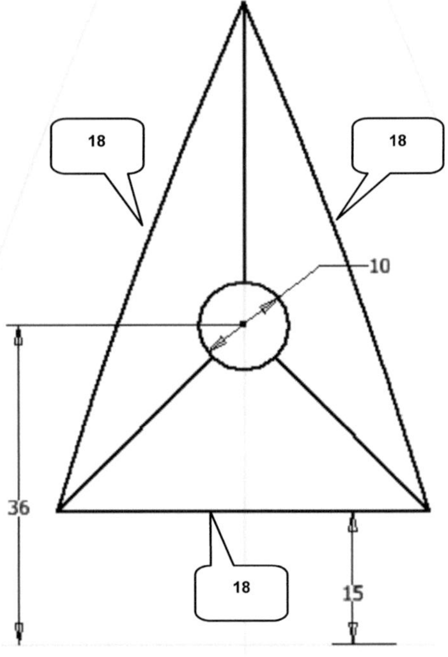

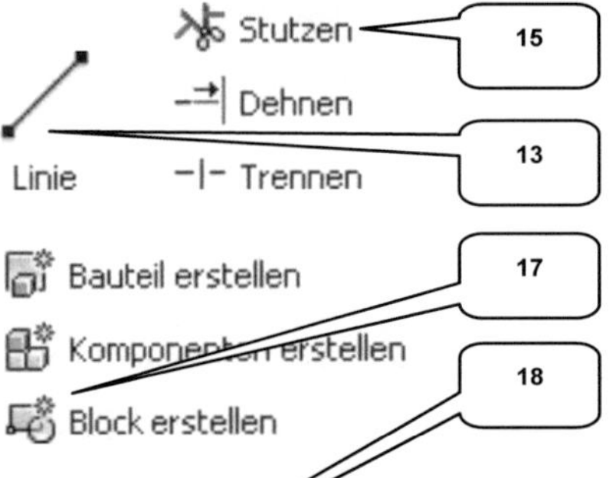

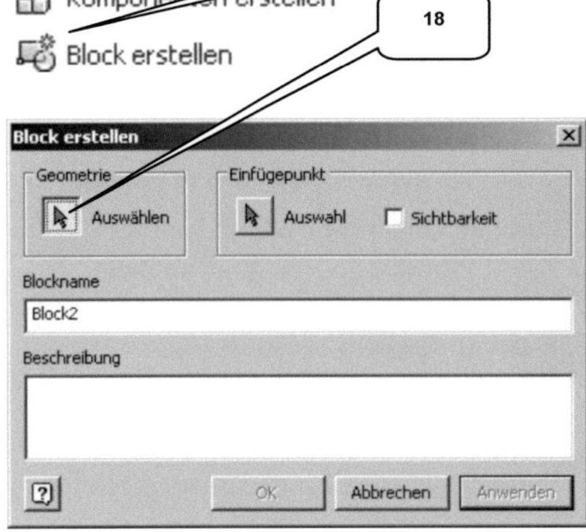

> ***Linie*** (13)
> Drei Linien (14) zeichnen (jeweils vom Mittelpunkt des Kreises zum Eckpunkt der versetzten Geometrie)
> ***Taste: ESC***

> ***Stutzen*** (15)
> 3 Linienenden im Kreis (16) entfernen
> ***Taste: ESC***

> ***Block erstellen*** (17)
> Geometrie: Drei Linien (18) wählen
> ***OK***

> ***Skizze fertig stellen***

5.12   Lüftungsöffnung einfügen

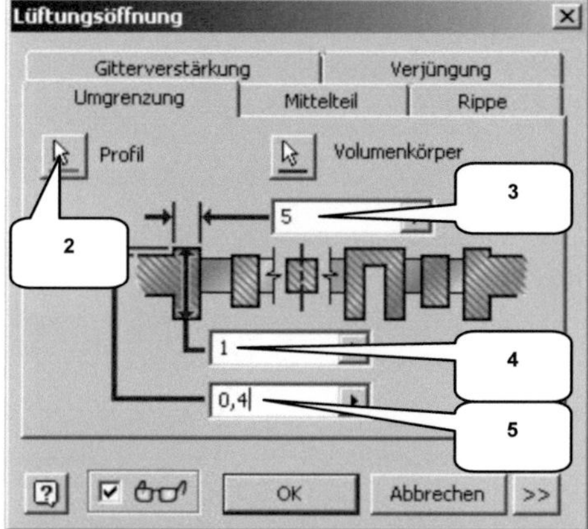

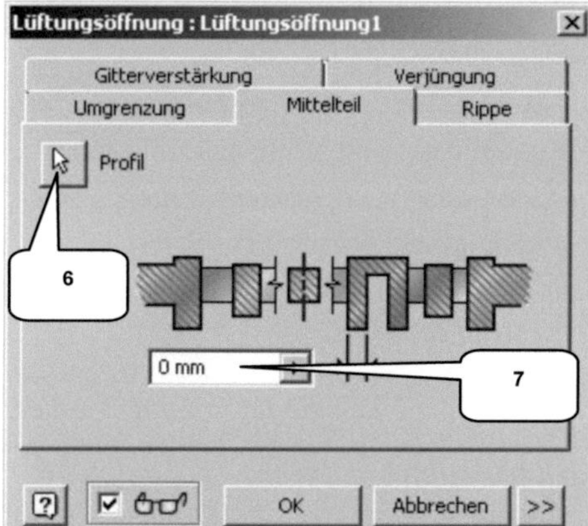

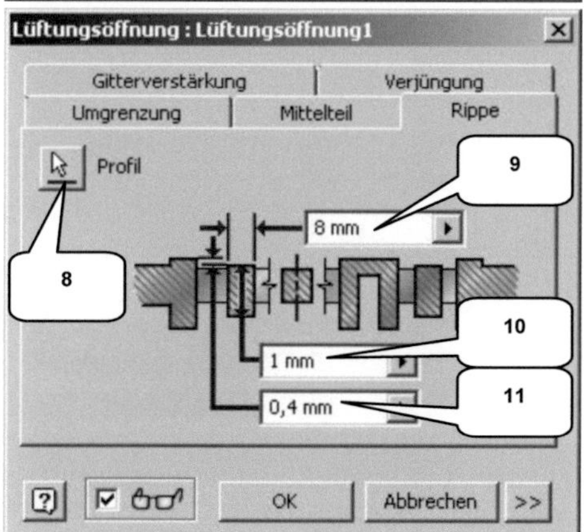

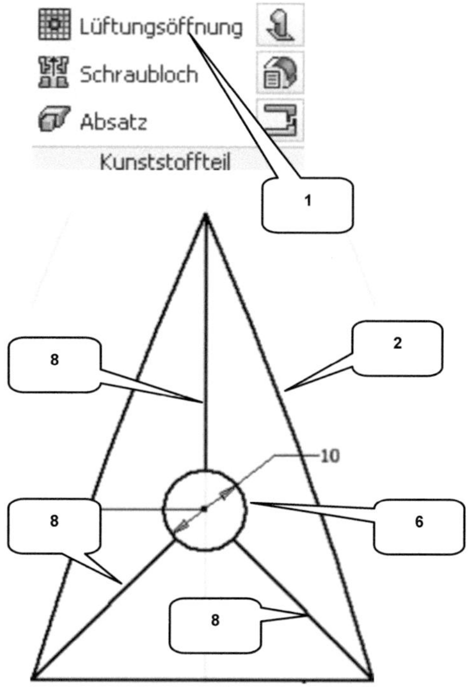

- ➤ **Lüftungsöffnung** (1)
- ➤ Reiter: Umgrenzung
- ➤ Profil: Linienkontur (2) wählen
- ➤ Breite: [5] mm (3)
- ➤ Höhe: [1] mm (4)
- ➤ Außenhöhe: [0,4] mm (5)
- ➤ Reiter: Mittelteil
- ➤ Profil: Kreis (6) wählen
- ➤ Breite: [0] mm (7)
- ➤ Reiter: Rippe
- ➤ Profil: 3 Linien (8) wählen
- ➤ Breite: [8] mm (9)
- ➤ Höhe: [1] mm (10)
- ➤ Außenhöhe: [0,4] mm (11)
- ➤ **OK**

5.13 *Bugspitze mit einer Kugel versehen*

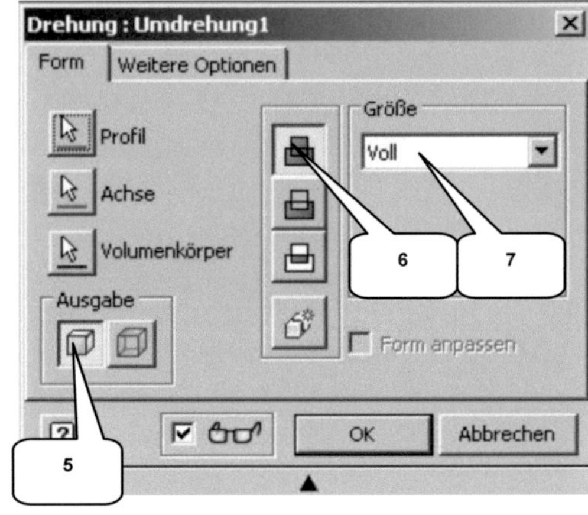

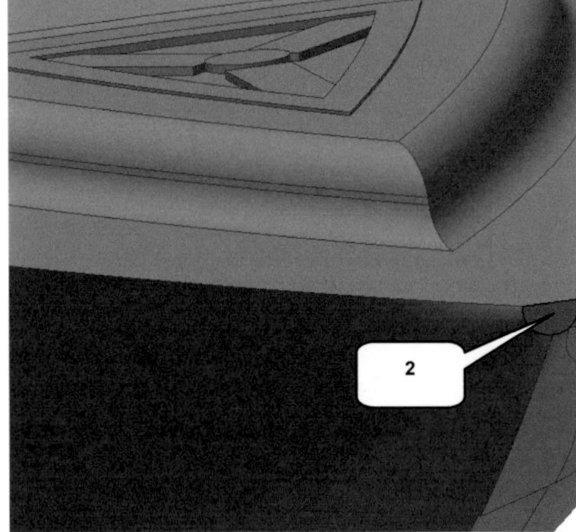

> ***Kugel*** (1)
> Fläche (2) an Bugspitze wählen
> Kugelmittelpunkt auf Mittelpunkt des
>   (automatisch) projizierten Bogen-
>   mittelpunktes setzen (3)
> Durchmesser: [6,6] mm (4)
> ***Taste: ENTER***
> Befehl: Drehung
> Ausgabe: Volumenkörper (5)
> Option: Vereinigung (6)
> Größe: Voll (7)
> ***OK***

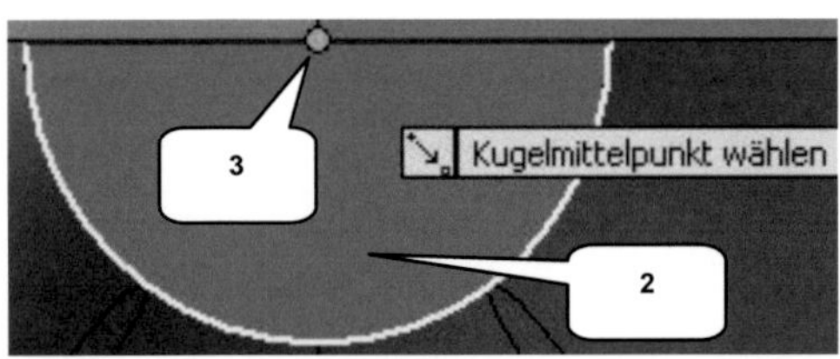

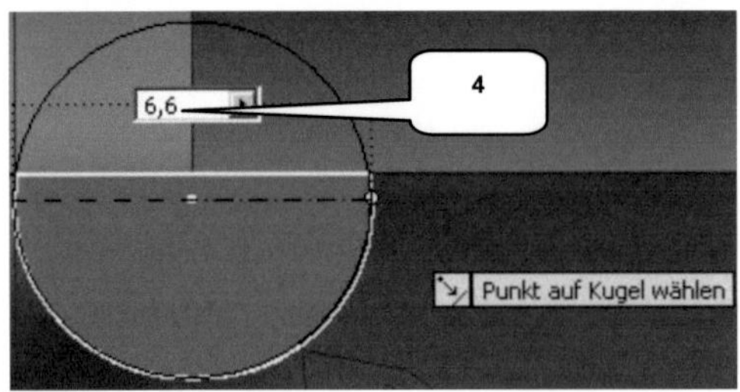

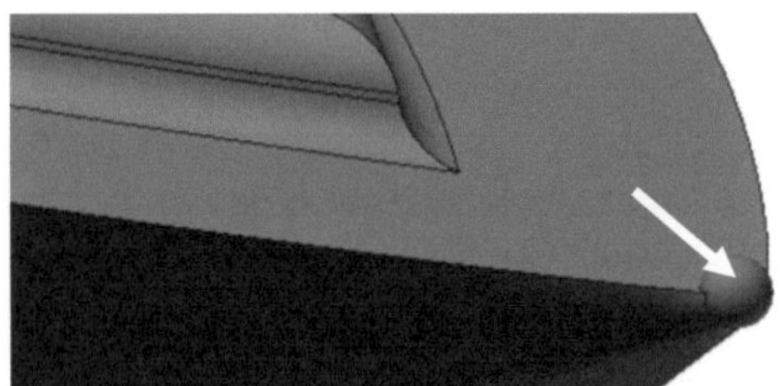

5.14 Ebene für neue 2D-Skizze erzeugen

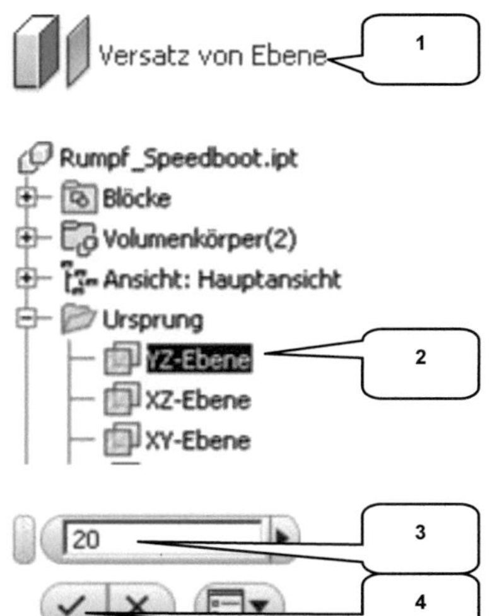

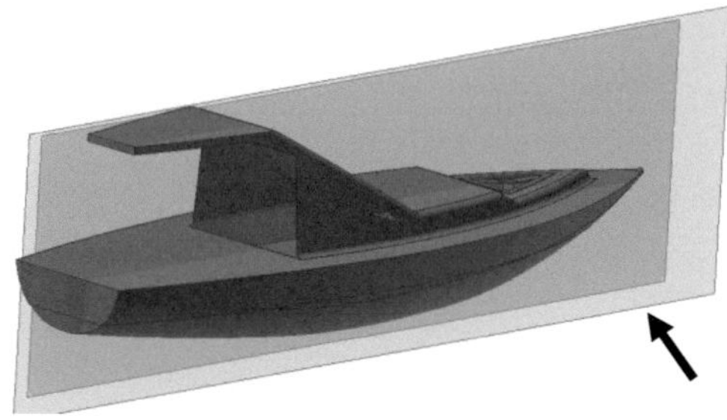

> **Versatz von Ebene** (1)

> YZ-Ebene (2) wählen

> Versatzwert: [20] mm (3)

> **OK** (4)

5.15 2D-Skizze für Dachverstrebung zeichnen

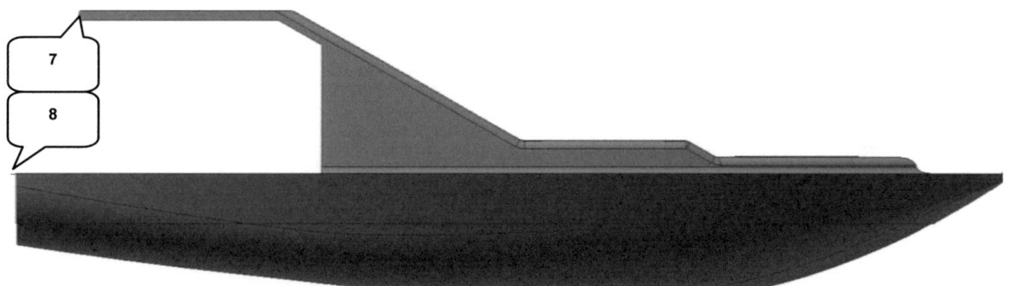

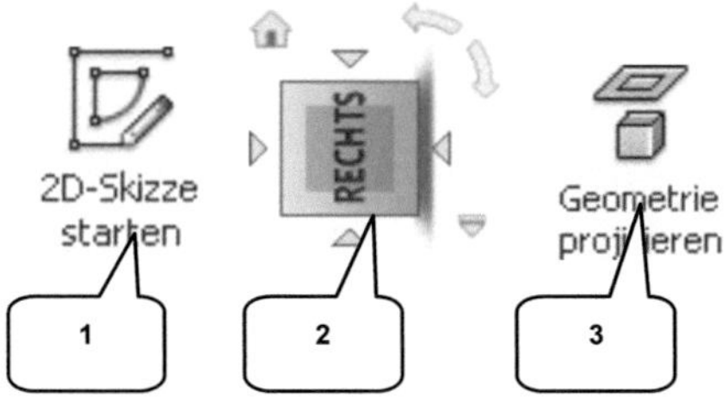

> **2D-Skizze starten** (1)

> Neu erzeugte Ebene wählen

> **ViewCube-Ansicht: RECHTS** (90°
> gegen UZS drehen) (2)

> **Taste: F7** (Skizze aufschneiden)

Um die vier Kanten exakt projizieren zu können, sollte sehr nah
an die betreffenden Bereiche herangezoomt werden.

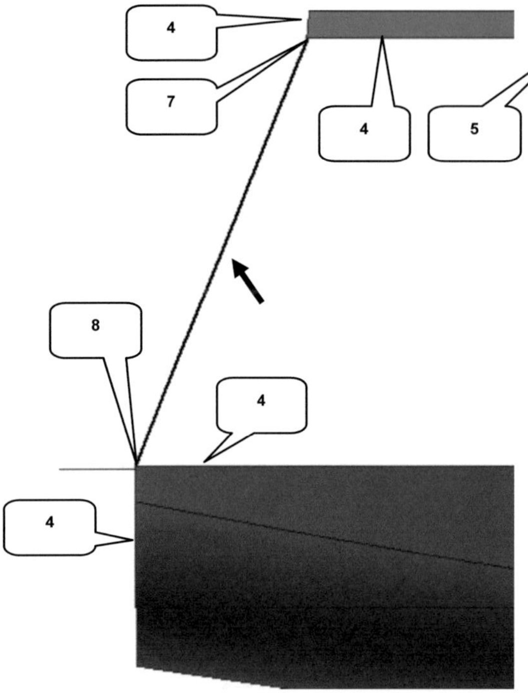

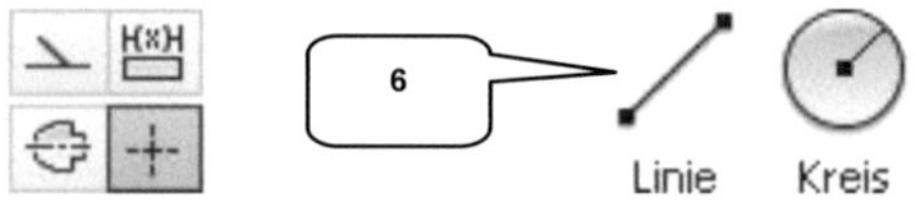

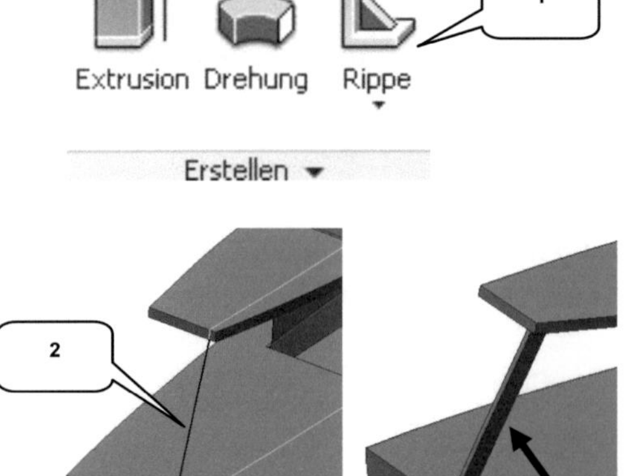

- ➢ **_Geometrie projizieren_** (3)
- ➢ Vier Kanten nacheinander wählen (4)
- ➢ **_Taste: ESC_**
- ➢ Fenster über alle projizierten Elemente ziehen

- ➢ **_Konstruktion_** (5)
- ➢ **_Taste: ESC_**

- ➢ **_Linie_** (6)
- ➢ 1. Linienpunkt: Eckpunkt (7) wählen
- ➢ 2. Linienpunkt: Eckpunkt (8) wählen
- ➢ **_Taste: ESC_**

- ➢ **_Skizze fertig stellen_**

5.16   _Dachverstrebung als Rippe erzeugen_

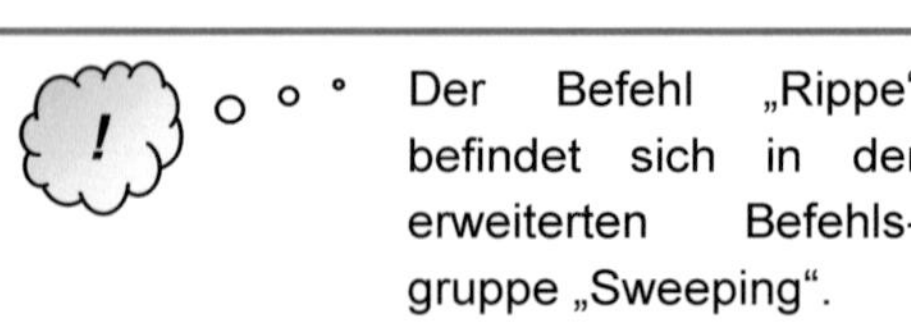

- ➢ **_Rippe_** (1)
- ➢ Profil: Linie (2) wählen
- ➢ Option: Parallel zur Skizzierebene (3)
- ➢ Richtung: 2 (4)
- ➢ Aktivieren: Profil dehnen (5)
- ➢ Stärke: [3] mm (6)
- ➢ Option: Symmetrisch (7)
- ➢ Option: Begrenzt (8)
- ➢ Größe: [10] mm (9)
- ➢ **_OK_**

Der Befehl „Rippe" befindet sich in der erweiterten Befehls- gruppe „Sweeping".

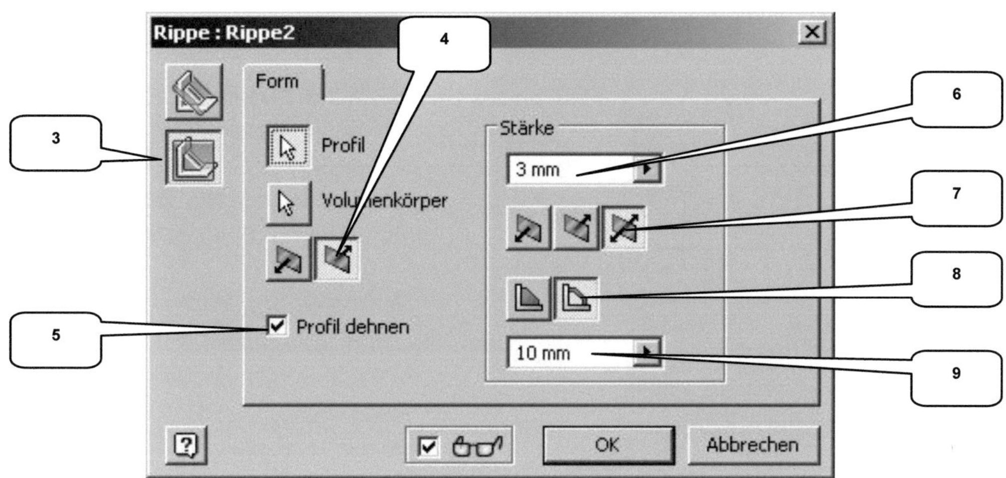

5.17   *Dachverstrebung spiegeln*

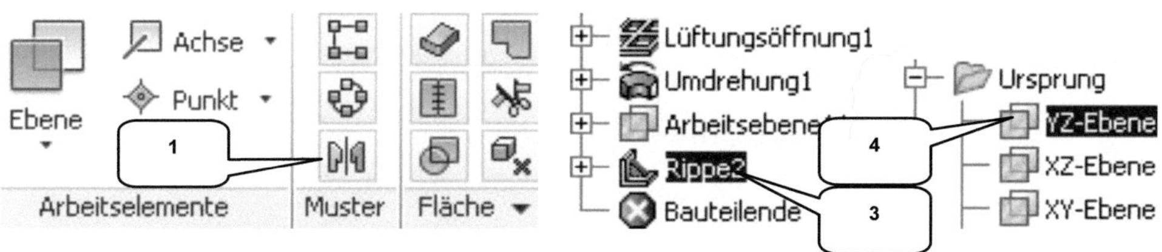

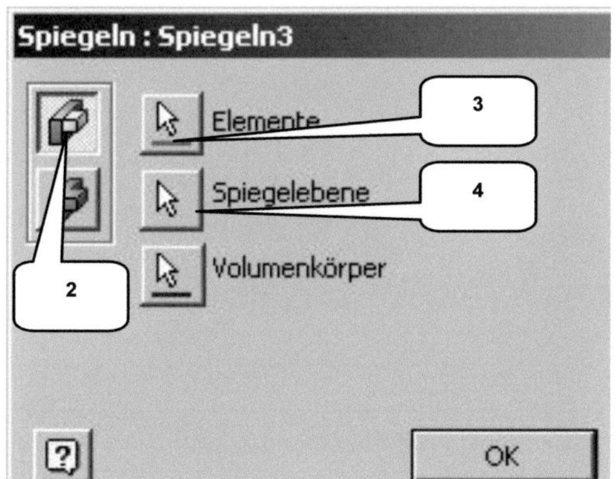

- ➤ **Spiegeln** (1)
- ➤ Option: Einzelne Elemente spiegeln (2)
- ➤ Elemente: Rippe (3)
- ➤ Spiegelebene: YZ-Ebene (4)
- ➤ **OK**

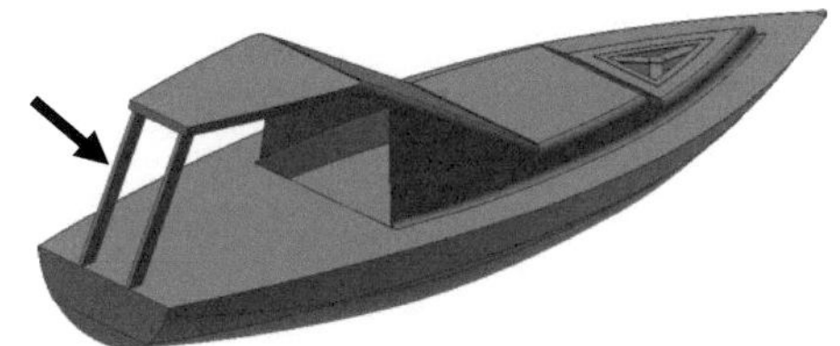

5.18   2D-Skizze für Fensteraussparungen erzeugen

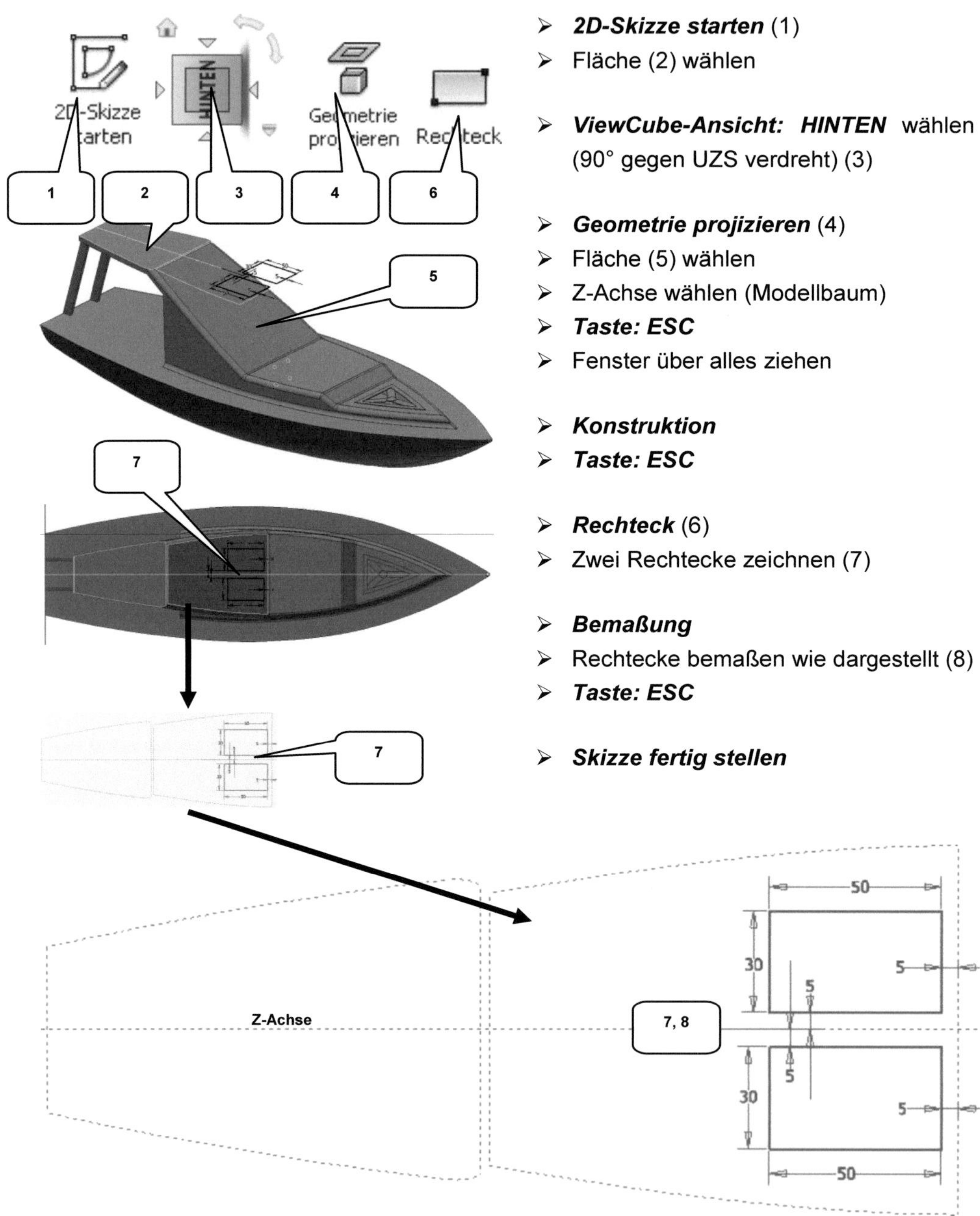

> ➢ **2D-Skizze starten** (1)
> ➢ Fläche (2) wählen

> ➢ **ViewCube-Ansicht: HINTEN** wählen
> (90° gegen UZS verdreht) (3)

> ➢ **Geometrie projizieren** (4)
> ➢ Fläche (5) wählen
> ➢ Z-Achse wählen (Modellbaum)
> ➢ **Taste: ESC**
> ➢ Fenster über alles ziehen

> ➢ **Konstruktion**
> ➢ **Taste: ESC**

> ➢ **Rechteck** (6)
> ➢ Zwei Rechtecke zeichnen (7)

> ➢ **Bemaßung**
> ➢ Rechtecke bemaßen wie dargestellt (8)
> ➢ **Taste: ESC**

> ➢ **Skizze fertig stellen**

5.19 Fensteraussparungen extrudieren

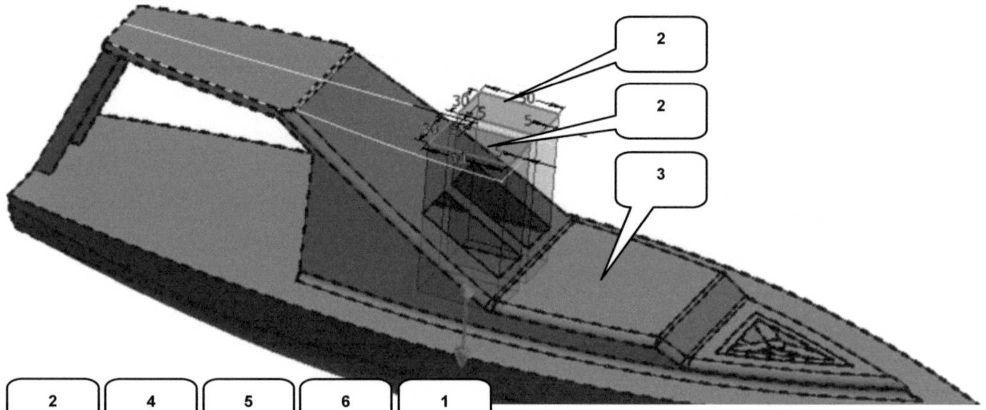

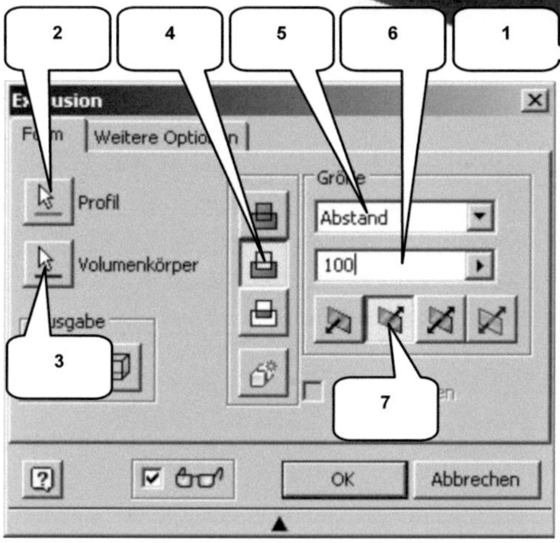

> **Extrusion** (1)
> Profil: beide Rechtecke wählen (2)
> Volumenkörper: Markierte Bootshälfte wählen (3)
> Option: Differenz (4)
> Größe: Abstand (5)
> Wert: [100] mm (6)
> Richtung: 2 (7)
> **OK**

5.20 Farben zuweisen

> „Rumpf_Speedboot" im Modellbaum markieren (1)
> Farbe z. B. „Stahlblau" wählen (2)
> **Taste: ESC**

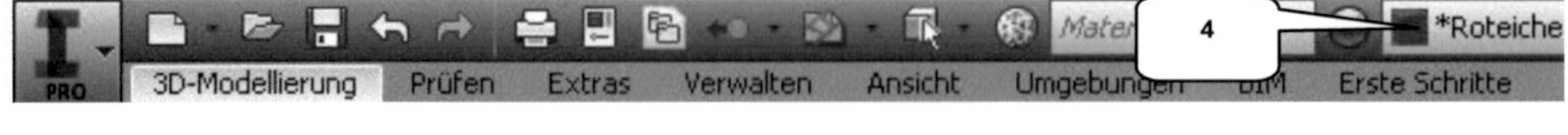

> Fläche (3) markieren (Bootsdeck)
> Farbe z. B. „Roteiche - Natur" (4) wählen
> *Taste: ESC*

> Weitere Fläche markieren und Farben nach Wunsch zuordnen

5.21 Ebenen ausblenden, Datei speichern

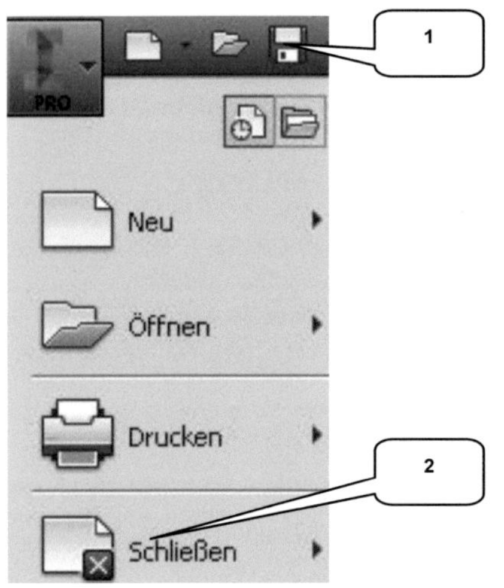

> Sichtbare Ebenen (im Modellbaum farblich dargestellt) bei gedrückter *Taste: STRG* markieren
> Rechte Maustaste „Sichtbarkeit" entfernen

> *Speichern* (1)
> *Datei schließen* (2)

Farben können einem kompletten Bauteil oder einzelnen Flächen zugewiesen werden. Die Option „Überschreibung deaktivieren" entfernt alle gesetzten Farbüberschreibungen.

6 Aufbauten (Segelboot)

Agenda

> Datei „Rumpf_Segelboot" öffnen
> Bugspitze mit einer Kugel versehen
> 2D-Skizze für einen Materialschnitt erzeugen
> Oberen Bereich der Aufbauten schneiden
> 2D-Skizze für Sitzecke zeichnen
> Bodenbereich der Sitzecke extrudieren
> 2D-Skizze reaktivieren, Sitzbereich extrudieren
> Verschieben einer Fläche
> Aufbauten mit Wandstärke versehen
> Sitzbereich abrunden
> 2D-Skizze für Ruderhalterung zeichnen
> Ruderhalterung extrudieren
> Ruderhalterung abrunden
> 2D-Skizze für Schwert zeichnen
> Extrudieren des Schwertes
> Schwert abrunden
> 2D-Skizze für die Masthalterung zeichnen
> Drehen der Masthalterung
> Farben zuweisen, Datei speichern und schließen

6.1 Bauteil „Rumpf_Segelboot" öffnen

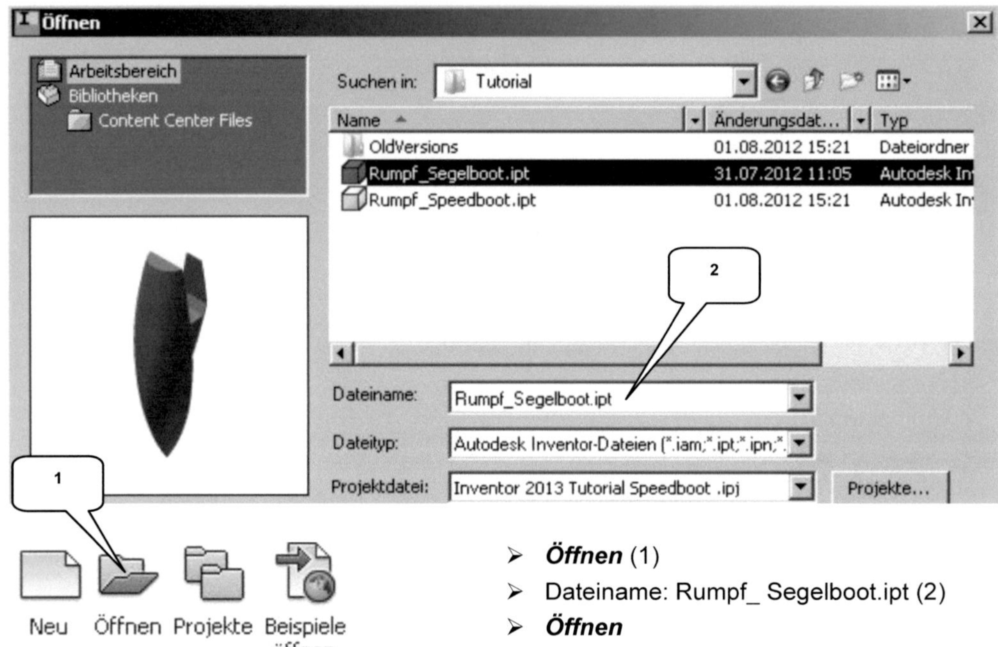

> **Öffnen** (1)
> Dateiname: Rumpf_ Segelboot.ipt (2)
> **Öffnen**

6.2 Bugspitze mit einer Kugel versehen

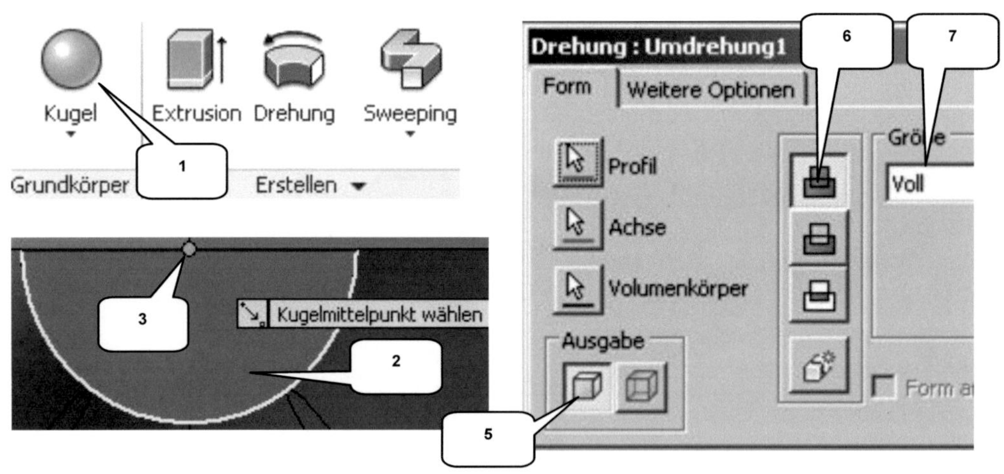

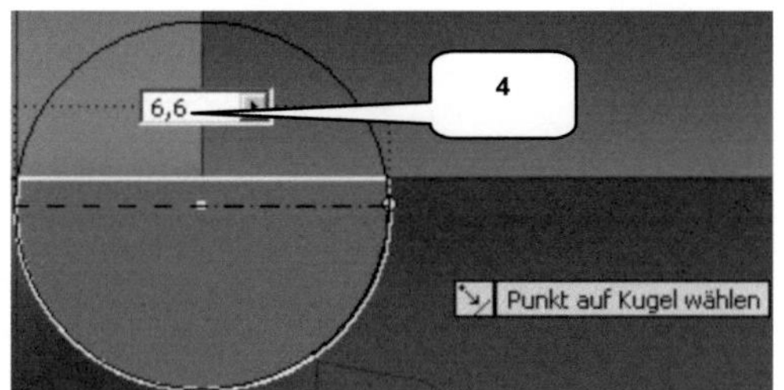

> ➤ *Kugel* (1)
> ➤ Fläche (2) an Bugspitze wählen
> ➤ Kugelmittelpunkt auf Mittelpunkt des (automatisch) projizierten Bogens setzen (3)
> ➤ Durchmesser: [6,6] mm (4)
> ➤ *Taste: ENTER*

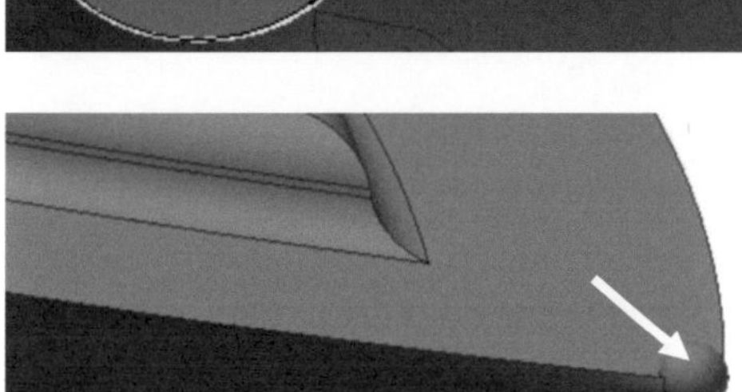

> ➤ Im Befehl: Drehung
> ➤ Ausgabe: Volumenkörper (5)
> ➤ Option: Vereinigung (6)
> ➤ Größe: Voll (7)
> ➤ *OK*

6.3 2D-Skizze für Materialschnitt zeichnen

> ➤ *2D-Skizze starten* (1)
> ➤ Ordner „Ursprung" aufklappen (Modellbaum)
> ➤ YZ-Ebene wählen

> ➤ *ViewCube-Ansicht: RECHTS* (90° gegen UZS drehen) (2)

> ➤ *Taste: F7* (Skizze aufschneiden)

> ➤ *Geometrie projizieren* (3)
> ➤ X,- Y-, Z-Achse wählen
> ➤ *Taste: ESC*
> ➤ Fenster über alle projizierten Linien ziehen

> ➤ *Konstruktion* (4)
> ➤ *Taste: ESC*

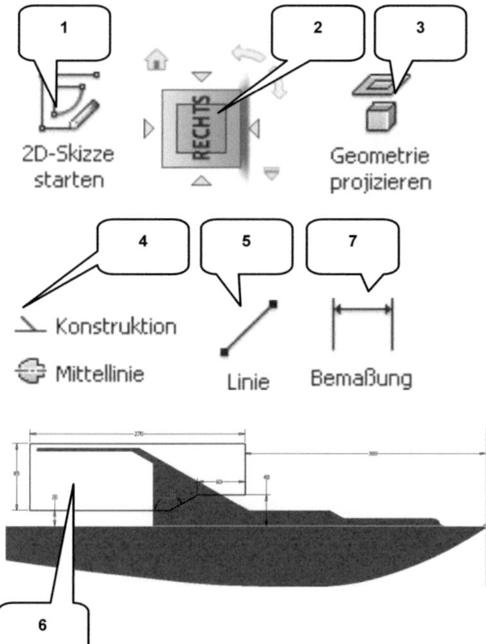

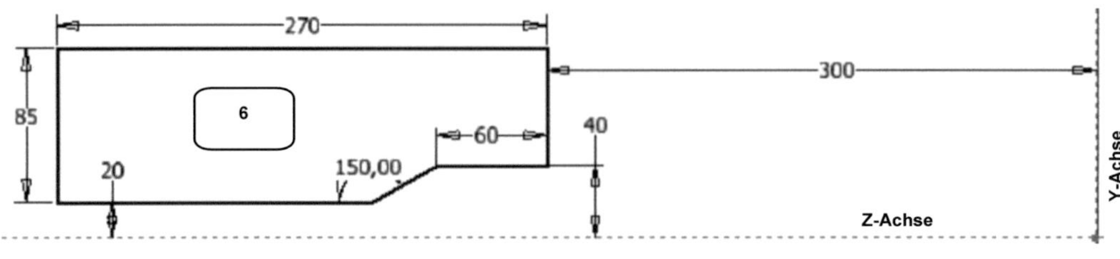

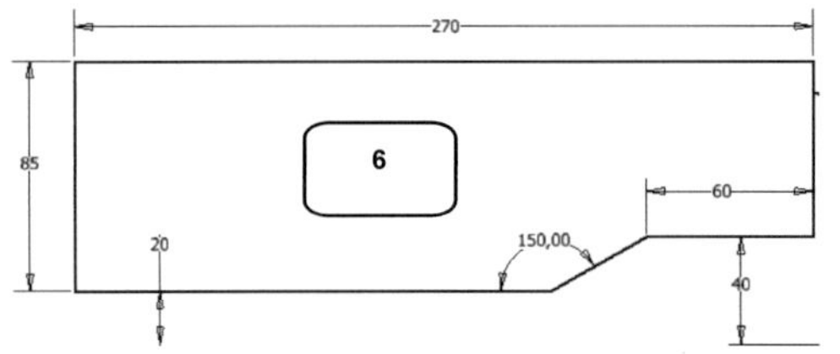

> *Linie* (5)
> Kontur (6) zeichnen
> *Taste: ESC*

> *Bemaßung* (7)
> Bemaßungen übernehmen wie darge-
> stellt (6)
> *Taste: ESC*

> *Skizze fertig stellen*

6.4 Materialschnitt erzeugen

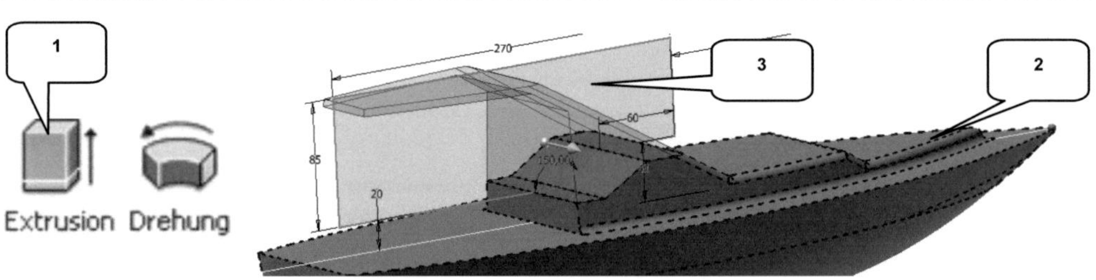

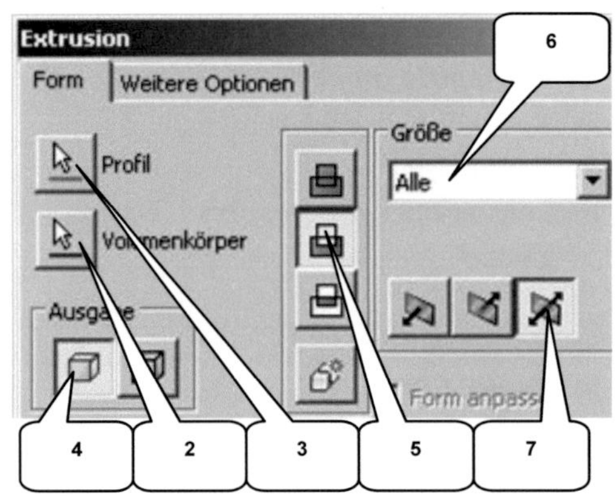

> *Extrusion* (1)
> Volumenkörper: Oberen Volumenkörper
> (2) wählen
> Profil: Kontur (3) wählen
> Ausgabe: Volumenkörper (4)
> Option: Differenz (5)
> Größe: Alle (6)
> Richtung: Symmetrisch (7)
> *OK*

6.5 2D-Skizze für Sitzecke zeichnen

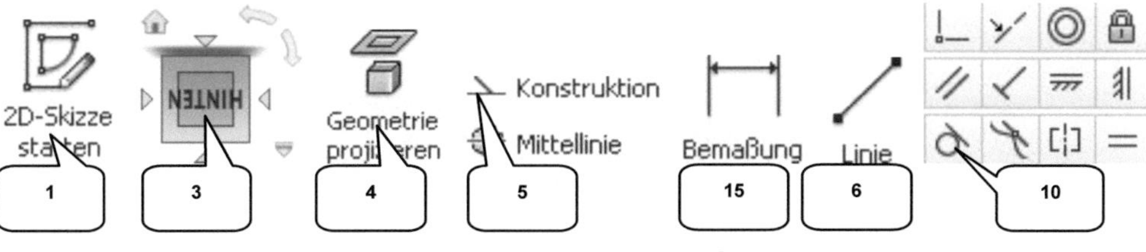

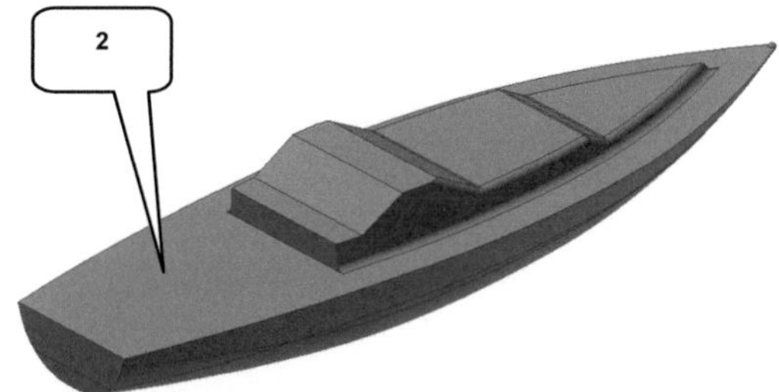

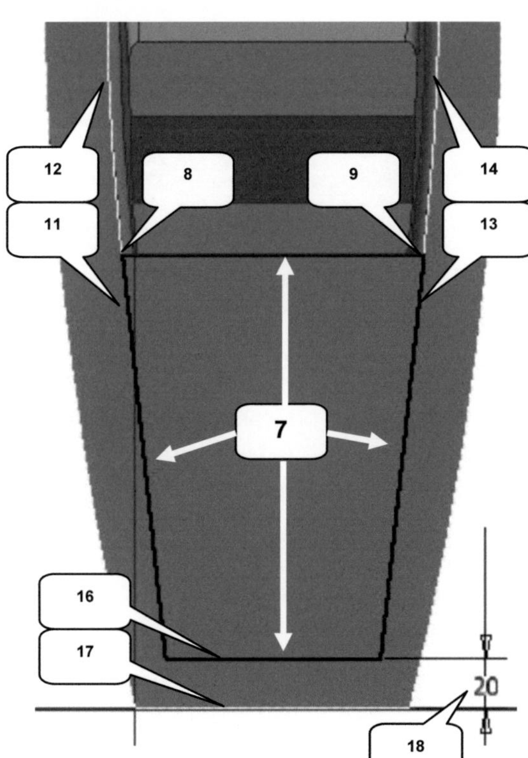

> ➢ **2D-Skizze starten** (1)
> ➢ Fläche (2) wählen

> ➢ **ViewCube-Ansicht: HINTEN** (180° drehen) (3)

> ➢ **Geometrie projizieren** (4)
> ➢ Fläche (2) wählen
> ➢ **Taste: ESC**
> ➢ Fenster über gesamtes Boot ziehen

> ➢ **Konstruktion** (5)
> ➢ **Taste: ESC**

> ➢ **Linie** (6)
> ➢ Vier Linien zeichnen (7)
> ➢ Oberste Linie soll die Punkte (8, 9) miteinander verbinden
> ➢ **Taste: ESC**

> ➢ **Abhängigkeit: Tangential** (10)
> ➢ Linie (11) und Bogen (12) wählen
> ➢ Linie (13) und Bogen (14) wählen
> ➢ **Taste: ESC**

> ➢ **Bemaßung** (15)
> ➢ Linien (16) und (17) wählen
> ➢ Maß ablegen
> ➢ Wert: [20] mm (18)
> ➢ **Taste: ESC**

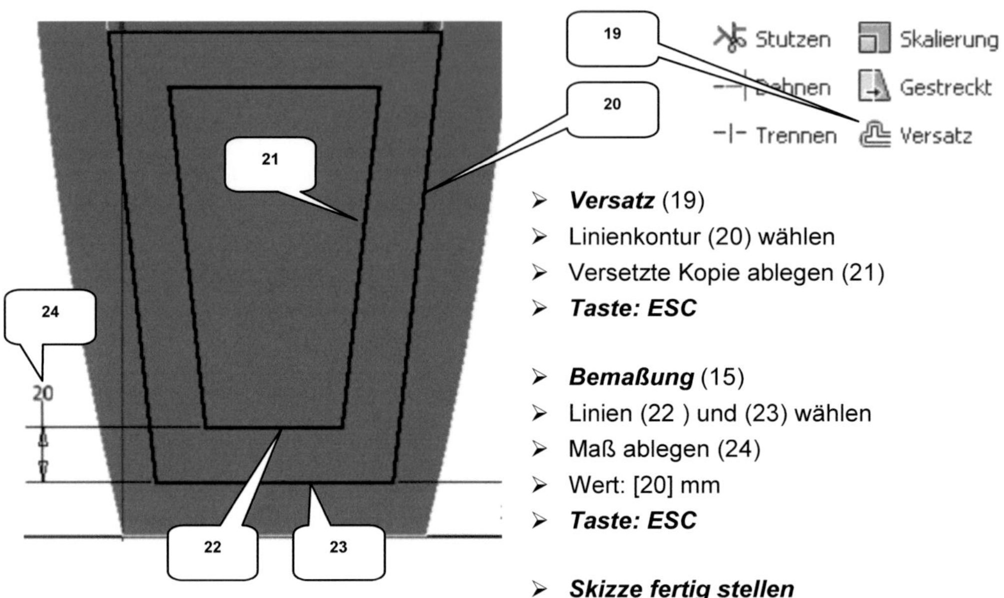

> ***Versatz*** (19)
> Linienkontur (20) wählen
> Versetzte Kopie ablegen (21)
> ***Taste: ESC***

> ***Bemaßung*** (15)
> Linien (22) und (23) wählen
> Maß ablegen (24)
> Wert: [20] mm
> ***Taste: ESC***

> ***Skizze fertig stellen***

6.6   *Bodenbereich der Sitzecke extrudieren*

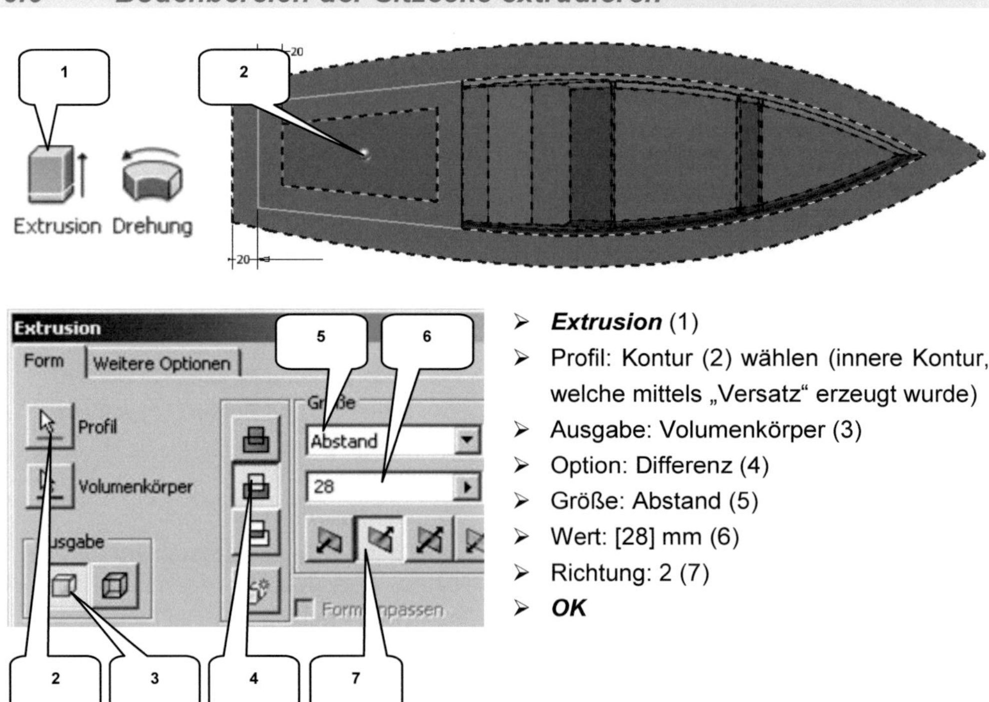

> ***Extrusion*** (1)
> Profil: Kontur (2) wählen (innere Kontur, welche mittels „Versatz" erzeugt wurde)
> Ausgabe: Volumenkörper (3)
> Option: Differenz (4)
> Größe: Abstand (5)
> Wert: [28] mm (6)
> Richtung: 2 (7)
> ***OK***

6.7   *2D-Skizze reaktivieren, Sitzbereich extrudieren*

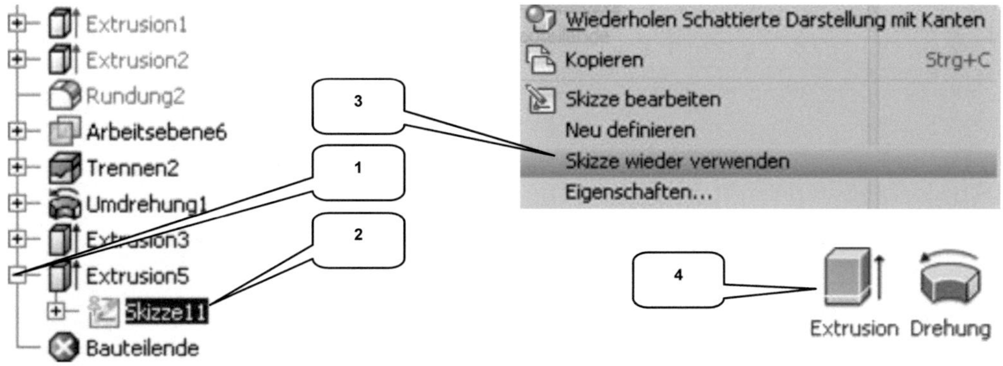

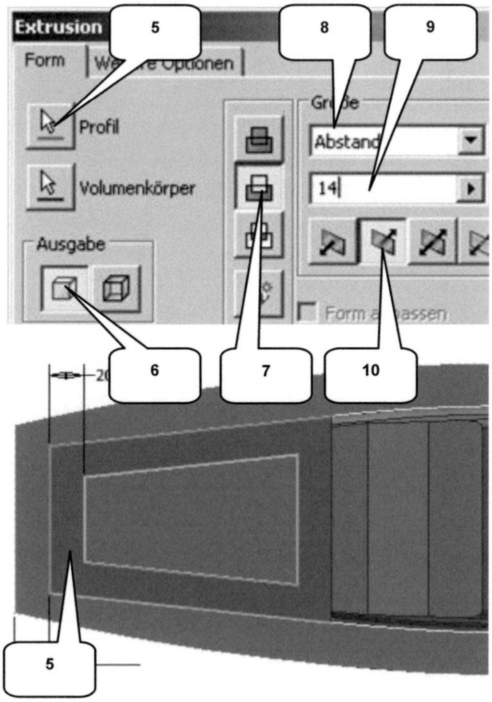

> Letzte Extrusion im Modellbaum erweitern (1)
> Darin enthaltene Skizze markieren (2)
> Rechte Maustaste > Skizze wieder verwenden (3)

> ***Extrusion*** (4)
> Profil: Kontur (5) wählen (Kontur zwischen originaler und versetzter Kontur)
> Ausgabe: Volumenkörper (6)
> Option: Differenz (7)
> Größe: Abstand (8)
> Wert: [14] mm (9)
> Richtung: 2 (10)
> ***OK***

> Sichtbarkeit der reaktivierten 2D-Skizze wieder entfernen (rechte Maustaste > Sichtbarkeit)

Durch den Befehl „Skizze wieder verwenden" reaktivierte Skizzen bleiben im Zeichenbereich sichtbar, bis sie manuell wieder ausgeblendet werden (rechte Maustaste > Sichtbarkeit).

6.8   Verschieben einer Fläche

> ➢ **Direkt** (1)
> ➢ Markierte Fläche (2) wählen
> ➢ Pfeil (3) anklicken und etwas in Richtung Bug verschieben
> ➢ Abstand: [-20] mm (6) eintragen
> ➢ **Taste: ENTER**

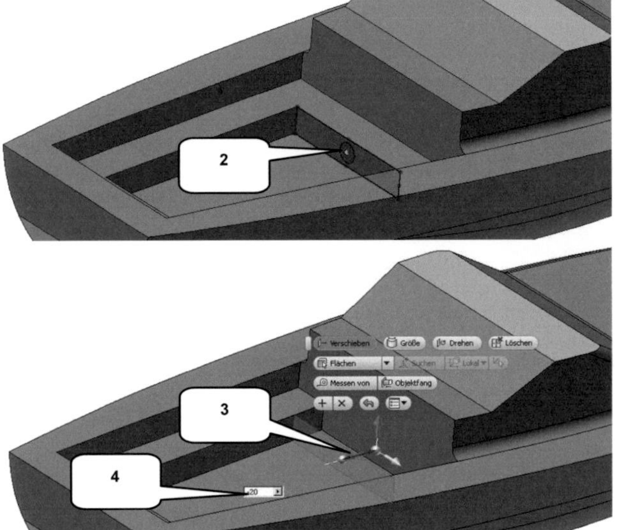

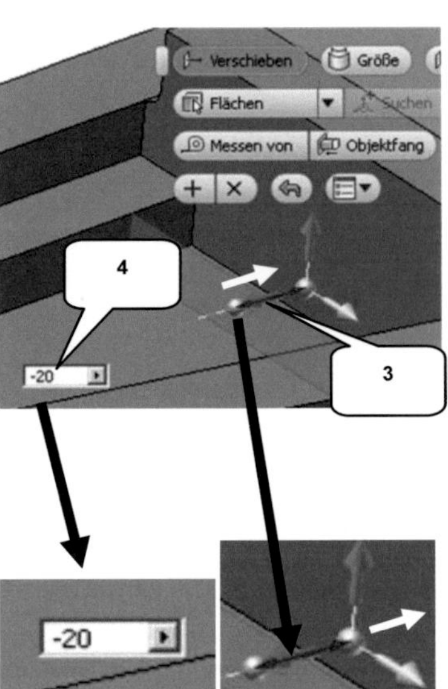

6.9   Aufbauten mit Wandstärke versehen

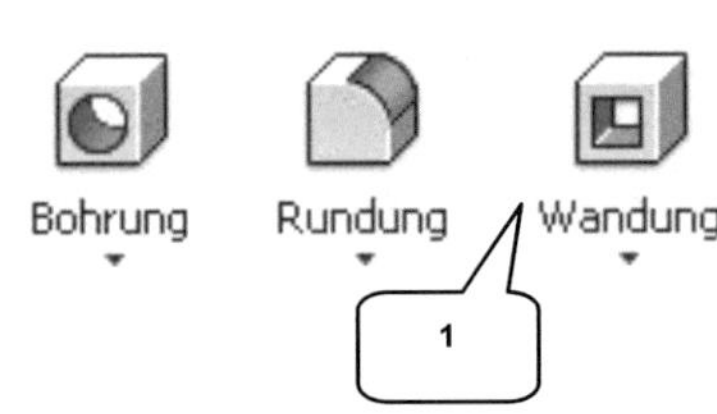

> ➢ **Wandung** (1)
> ➢ Option: Innerhalb (2)
> ➢ Flächen entfernen: Drei Flächen wählen (3)
> ➢ Aktivieren: Angrenzende Flächen (4)
> ➢ Stärke: [0,5] mm (5)
> ➢ **OK**

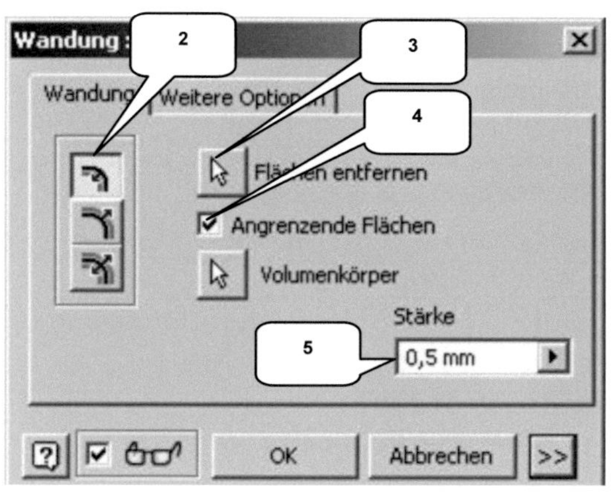

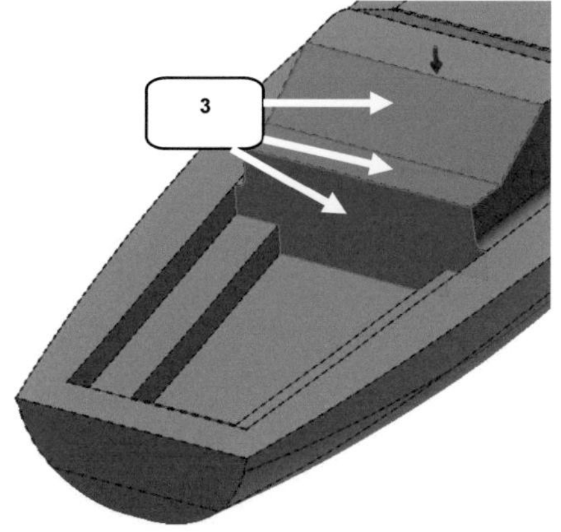

6.10   Sitzbereich abrunden

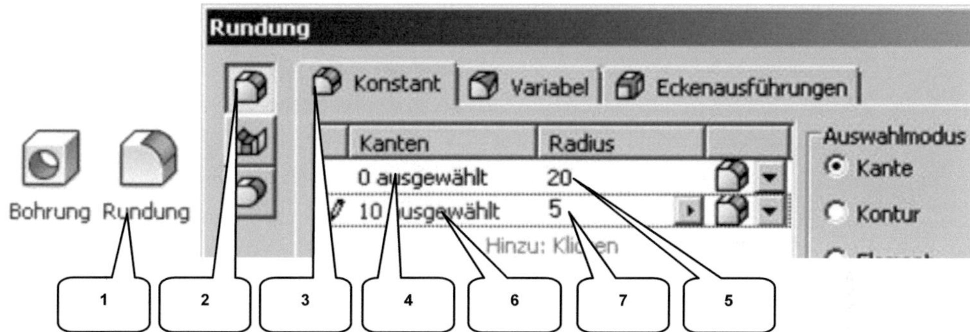

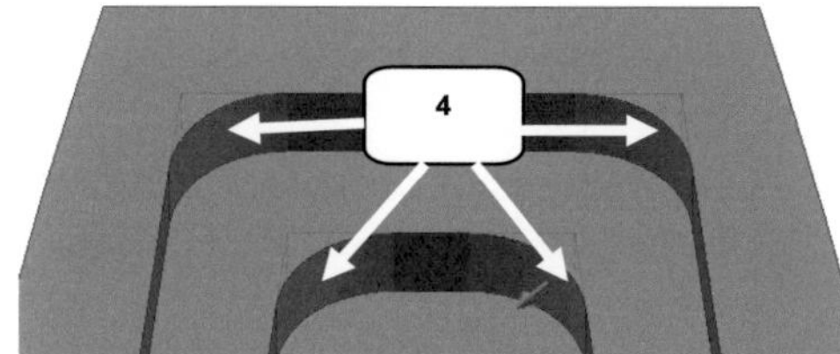

- ➢ **Rundung** (1)
- ➢ Option: Kantenabrundung (2)
- ➢ Reiter: Konstant (3)
- ➢ Vier Kanten wählen (4)
- ➢ Radius: [20] mm (5)
- ➢ **Anwenden**

- ➢ Zwei (umlaufende) Kanten wählen (6)
- ➢ Radius: [5] mm (7)
- ➢ **OK**

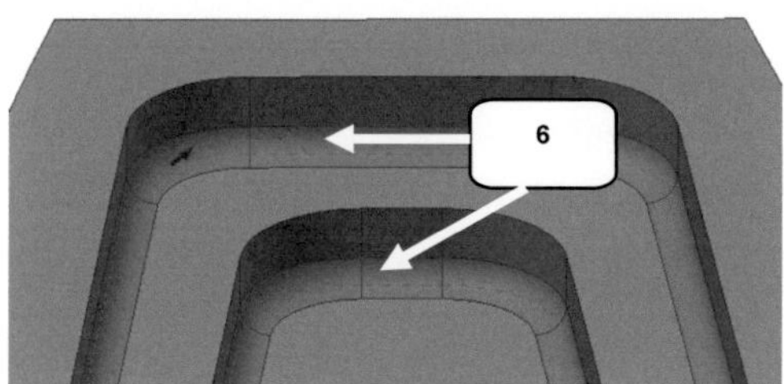

6.11   2D-Skizze für Ruderhalterung zeichnen

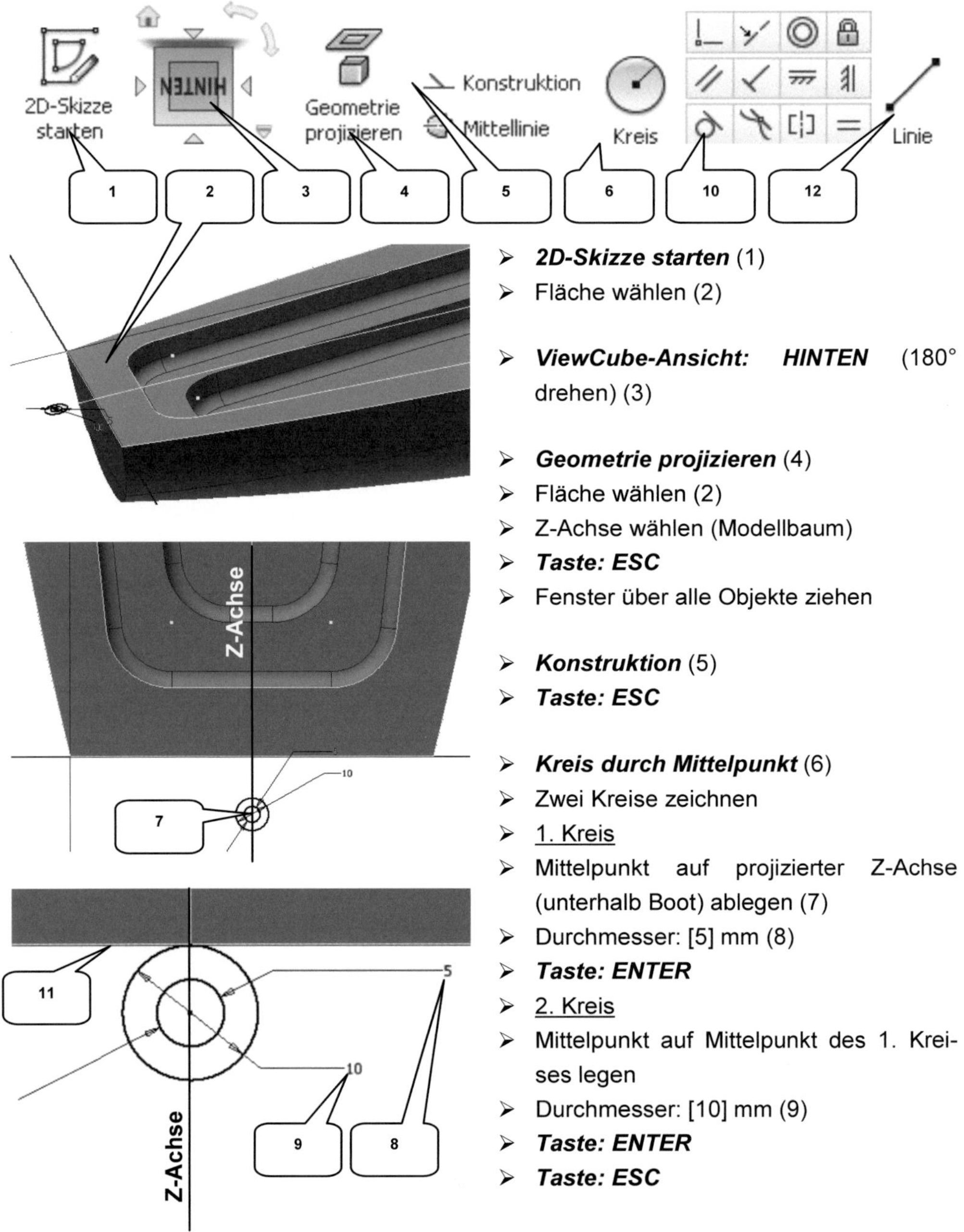

> **2D-Skizze starten** (1)
> Fläche wählen (2)

> **ViewCube-Ansicht: HINTEN**   (180° drehen) (3)

> **Geometrie projizieren** (4)
> Fläche wählen (2)
> Z-Achse wählen (Modellbaum)
> **Taste: ESC**
> Fenster über alle Objekte ziehen

> **Konstruktion** (5)
> **Taste: ESC**

> **Kreis durch Mittelpunkt** (6)
> Zwei Kreise zeichnen
> 1. Kreis
> Mittelpunkt auf projizierter Z-Achse (unterhalb Boot) ablegen (7)
> Durchmesser: [5] mm (8)
> **Taste: ENTER**
> 2. Kreis
> Mittelpunkt auf Mittelpunkt des 1. Kreises legen
> Durchmesser: [10] mm (9)
> **Taste: ENTER**
> **Taste: ESC**

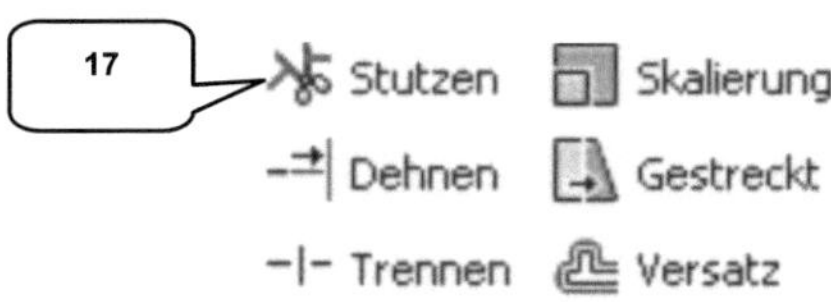

> ***Abhängigkeit: Tangential*** (10)
> Projizierte Kante (11) und Kreis (D = 10 mm) wählen
> ***Taste: ESC***

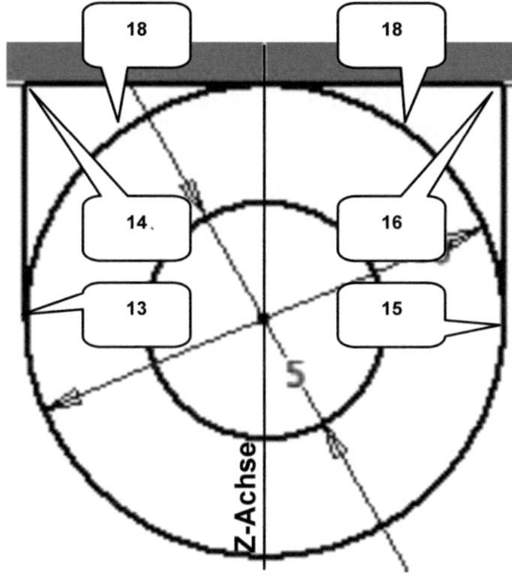

> ***Linie*** (12)
> Startpunkt der 1. Linie wählen (äußerer, linker Punkt des großen Kreises) (13)
> Linie lotrecht nach oben an die projizierte Kante des Bootes ziehen und darauf ablegen (14)
> ***Taste: ESC***

> ***Linie*** (12)
> Startpunkt der 2. Linie wählen (äußerer, rechter Punkt des großen Kreises) (15)
> Linie lotrecht nach oben an die projizierte Kante des Bootes ziehen und darauf ablegen (16)
> Mit der 3. Linie sollen die Linienpunkte (14, 16) miteinander verbunden werden
> ***Taste: ESC***

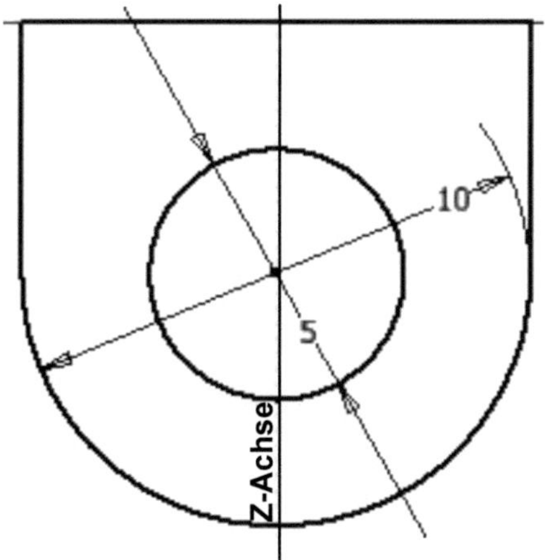

> ***Stutzen*** (17)
> Zwei Bogensegmente des großen Kreises entfernen (18)
> ***Taste: ESC***

> ***Skizze fertig stellen***

Die beiden Linien müssen exakt am äußeren (rechten oder linken) Punkt des Kreises starten. Dieser äußere Punkt wird durch einen kleinen grünen Punkt markiert. Die Endpunkte der beiden Linien müssen auf der projizierten Kante des Bootes liegen.

6.12 Ruderhalterung extrudieren

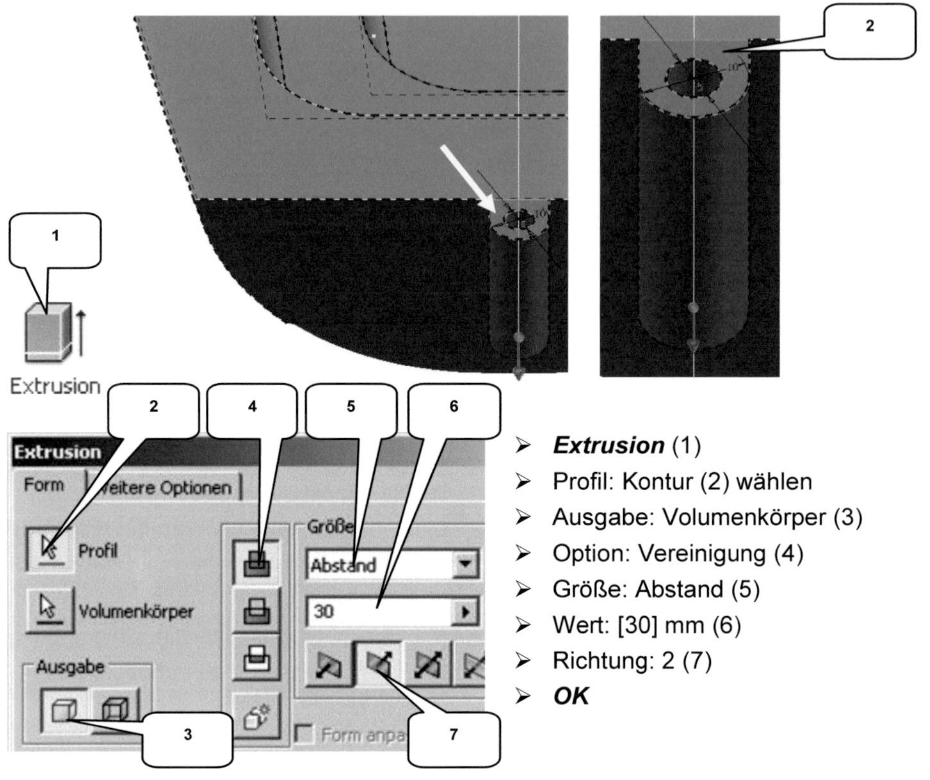

> *Extrusion* (1)
> Profil: Kontur (2) wählen
> Ausgabe: Volumenkörper (3)
> Option: Vereinigung (4)
> Größe: Abstand (5)
> Wert: [30] mm (6)
> Richtung: 2 (7)
> *OK*

6.13 Ruderhalterung abrunden

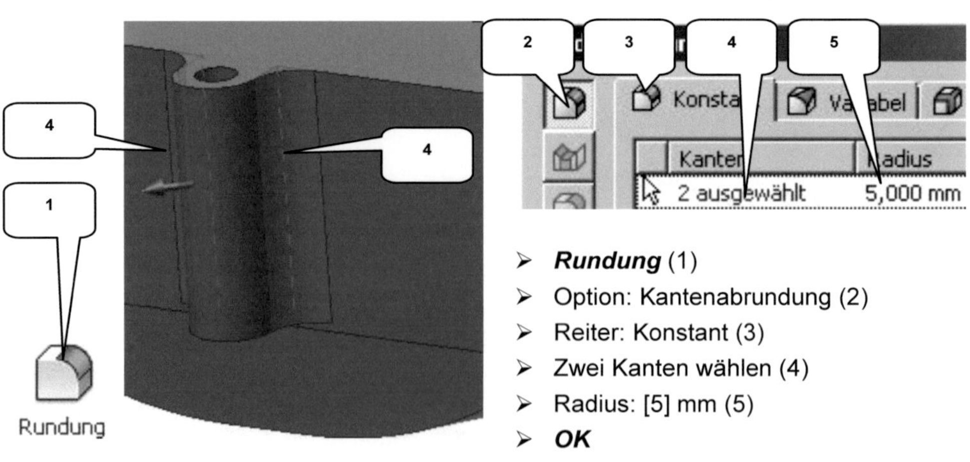

> *Rundung* (1)
> Option: Kantenabrundung (2)
> Reiter: Konstant (3)
> Zwei Kanten wählen (4)
> Radius: [5] mm (5)
> *OK*

6.14   2D-Skizze für das Schwert zeichnen

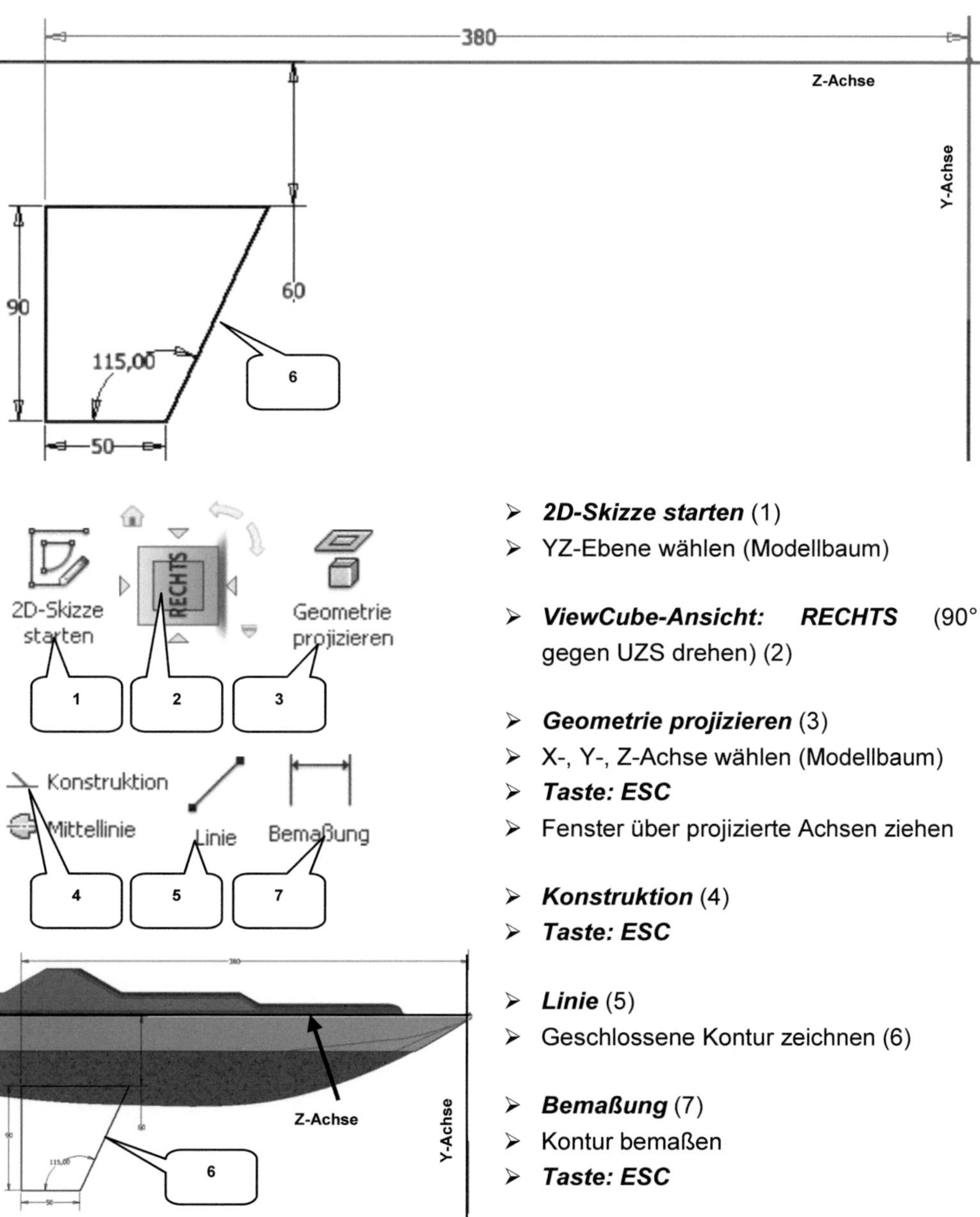

> ➤ **2D-Skizze starten** (1)
> ➤ YZ-Ebene wählen (Modellbaum)

> ➤ **ViewCube-Ansicht: RECHTS   (90° gegen UZS drehen) (2)

> ➤ **Geometrie projizieren** (3)
> ➤ X-, Y-, Z-Achse wählen (Modellbaum)
> ➤ **Taste: ESC**
> ➤ Fenster über projizierte Achsen ziehen

> ➤ **Konstruktion** (4)
> ➤ **Taste: ESC**

> ➤ **Linie** (5)
> ➤ Geschlossene Kontur zeichnen (6)

> ➤ **Bemaßung** (7)
> ➤ Kontur bemaßen
> ➤ **Taste: ESC**

> ➤ **Skizze fertig stellen**

6.15 Schwert extrudieren

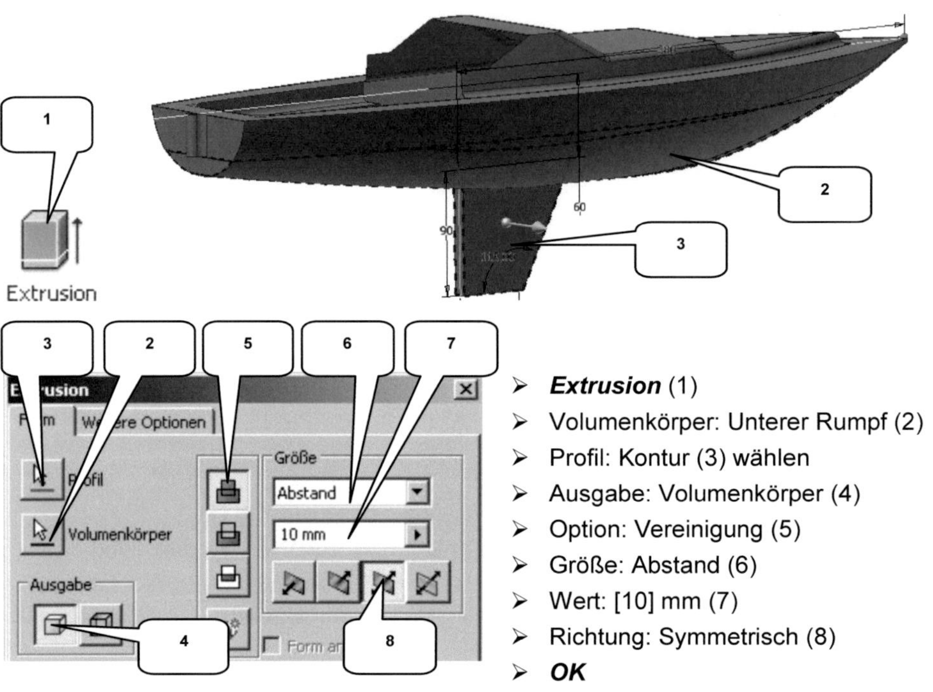

- ➢ **Extrusion** (1)
- ➢ Volumenkörper: Unterer Rumpf (2)
- ➢ Profil: Kontur (3) wählen
- ➢ Ausgabe: Volumenkörper (4)
- ➢ Option: Vereinigung (5)
- ➢ Größe: Abstand (6)
- ➢ Wert: [10] mm (7)
- ➢ Richtung: Symmetrisch (8)
- ➢ **OK**

6.16 Schwert abrunden

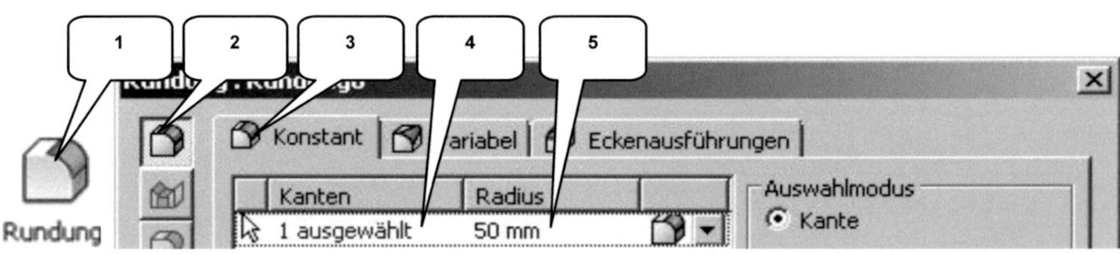

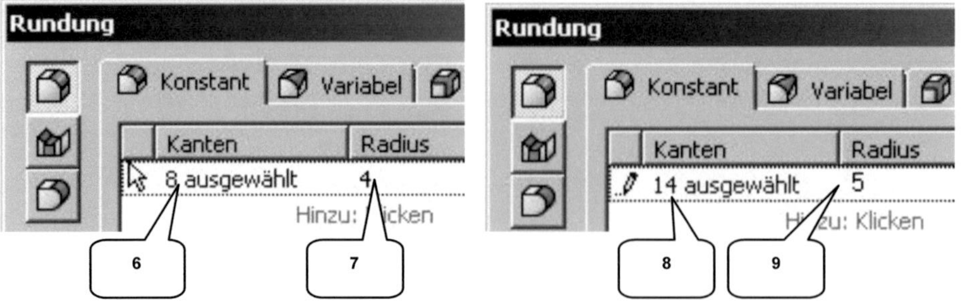

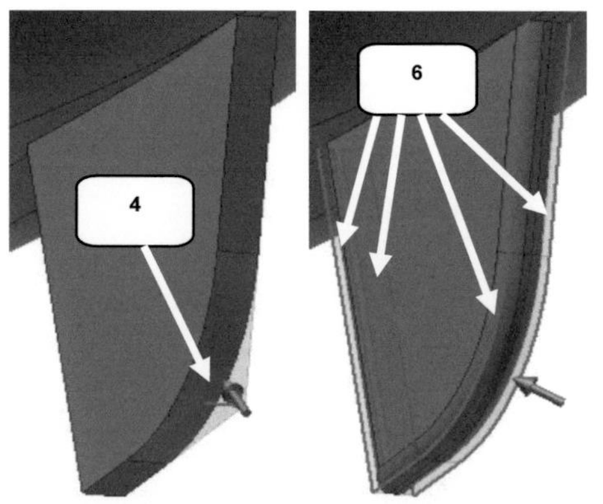

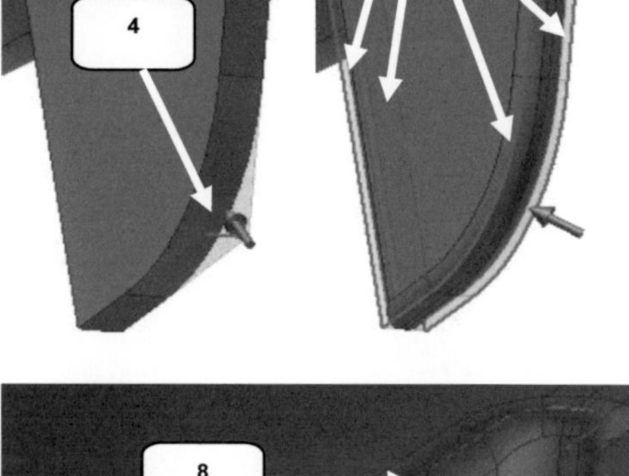

> ***Rundung*** (1)
> Option: Kantenabrundung (2)
> Reiter: Konstant (3)
> Eine Kante wählen (4)
> Radius: [50] mm (5)
> ***Anwenden***

> Kanten wählen (6)
> Radius: [4] mm (7)
> ***Anwenden***

> Kanten wählen (8)
> Radius: [5] mm (9)
> ***OK***

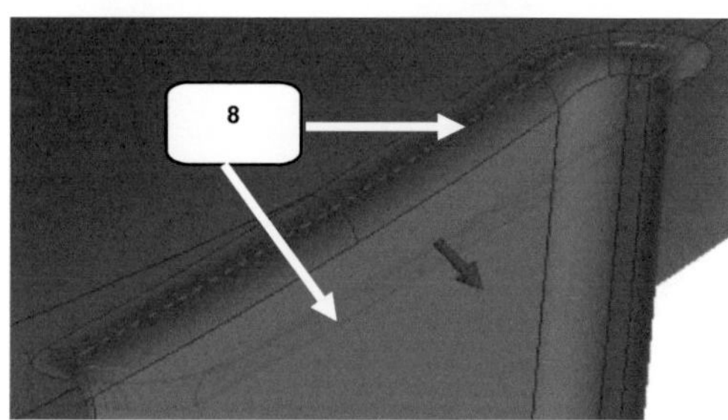

6.17   2D-Skizze für die Masthalterung zeichnen

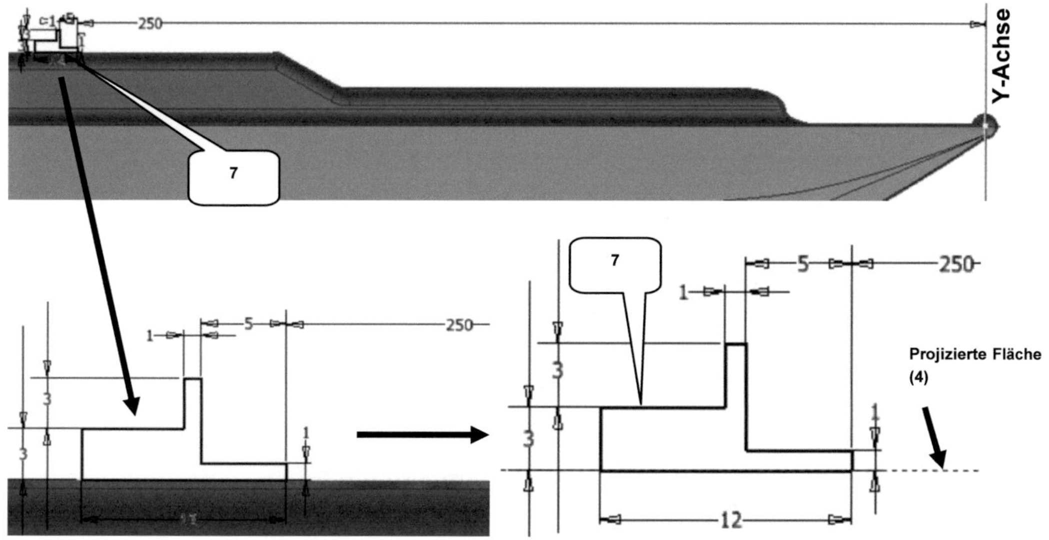

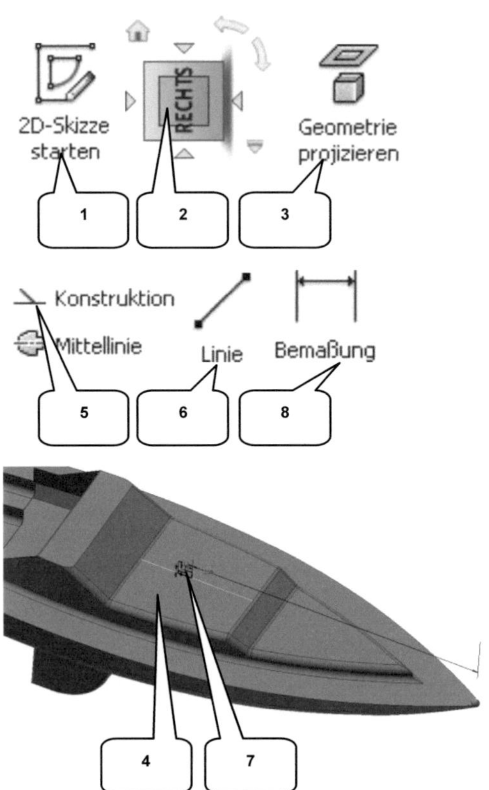

> ➤ **2D-Skizze starten** (1)
> ➤ YZ-Ebene wählen (Modellbaum)
>
> ➤ **ViewCube-Ansicht: RECHTS** (90° gegen UZS drehen) (2)
>
> ➤ **Taste: F7** (Skizze aufschneiden)
>
> ➤ **Geometrie projizieren** (3)
> ➤ X-, Y-, Z-Achse wählen (Modellbaum)
> ➤ Fläche (4) wählen
> ➤ **Taste: ESC**
> ➤ Fenster über projizierte Linien ziehen
>
> ➤ **Konstruktion** (5)
> ➤ **Taste: ESC**
>
> ➤ **Linie** (6)
> ➤ Geschlossene Linienkontur zeichnen (7)
> ➤ (Die untere Linie der Kontur muss kollinear auf der Linie der projizierten Fläche (4) liegen)
>
> ➤ **Bemaßung** (8)
> ➤ Kontur bemaßen wie dargestellt
>
> ➤ **Skizze fertig stellen**

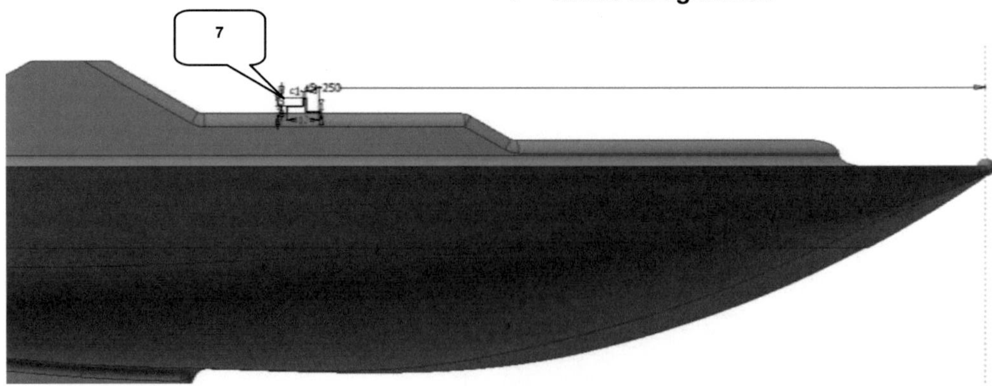

6.18 Masthalterung als Drehobjekt erzeugen

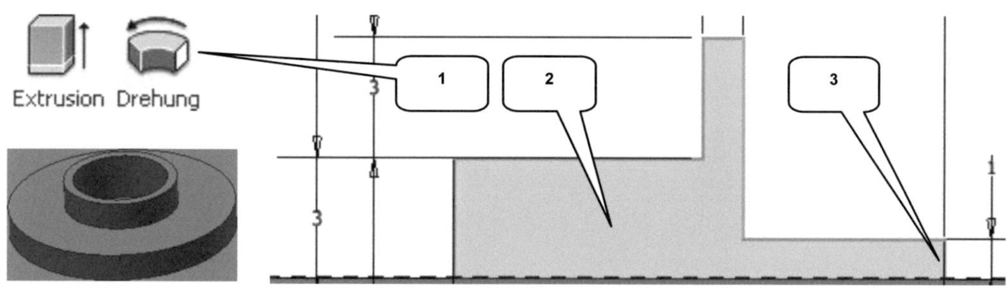

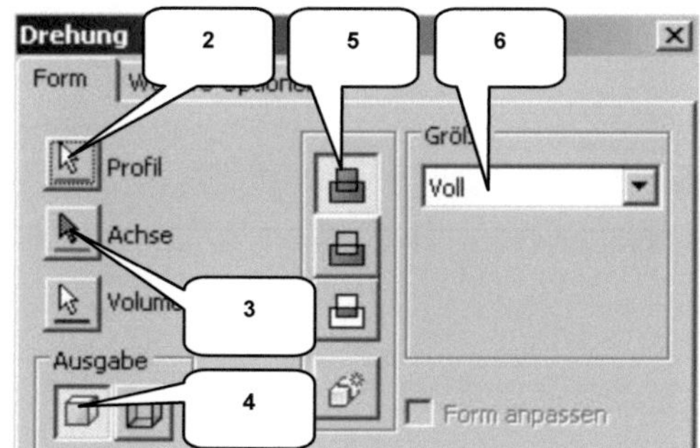

> ➢ **Drehung** (1)
> ➢ Profil: Kontur (2) wählen
> ➢ Achse: Rechte Linie der Kontur (3)
> ➢ Ausgabe: Volumenkörper (4)
> ➢ Verfahren: Vereinigung (5)
> ➢ Größe: Voll (6)
> ➢ **OK**

6.19 Farben zuweisen, Datei speichern und schließen

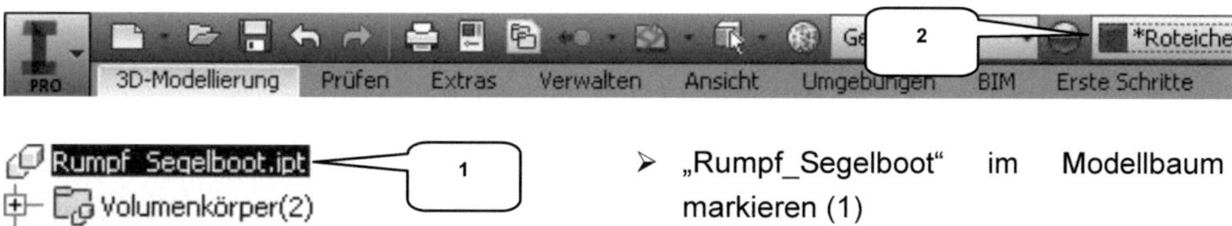

Rumpf_Segelboot.ipt
Volumenkörper(2)
Ansicht: Hauptansicht
Ursprung

> ➢ „Rumpf_Segelboot" im Modellbaum markieren (1)
> ➢ Farbe z.B. „Roteiche - Natur" zuweisen (2)
> ➢ **Taste: ESC**
>
> ➢ Weitere Flächen markieren und mit eigenen Farben versehen
> ➢ Sichtbarkeit der noch sichtbaren Ebenen entfernen
>
> ➢ **Speichern**
> ➢ **Datei schließen**

7 Ruder und Pinne

Agenda

> Bauteildatei „Ruder" erstellen
>
> Basisskizze des Ruders zeichnen
>
> Ruder extrudieren
>
> Pinne als Quader erzeugen
>
> Fasen des Ruderblattes
>
> Pinne abrunden
>
> Pinne mit Gewinde versehen
>
> Ruderblatt abrunden
>
> Farben zuweisen, Datei speichern und schließen

7.1 Bauteil „Ruder" erstellen

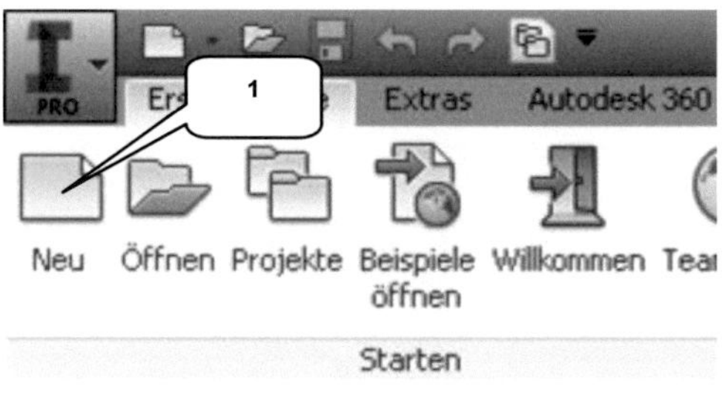

> ***Neu*** (1)
> ➢ Templates (2)
> ➢ Bauteil: Norm.ipt (3)
> ➢ ***Erstellen*** (4)
>
> ➢ ***Skizze fertig stellen*** (5)
> ➢ ***Speichern*** (6)
> ➢ Dateiname: [Ruder] (7)
> ➢ ***Speichern*** (8)

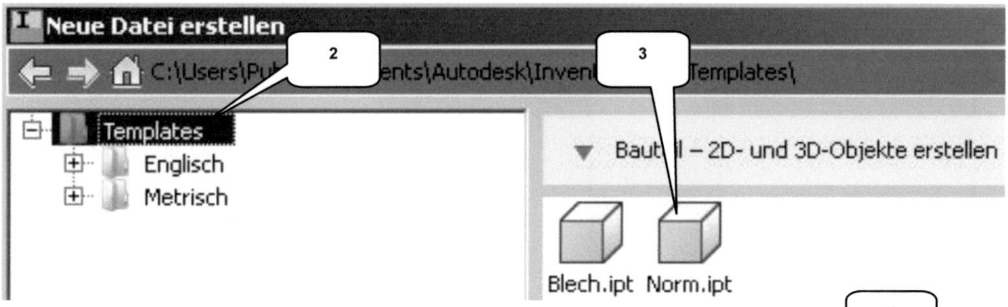

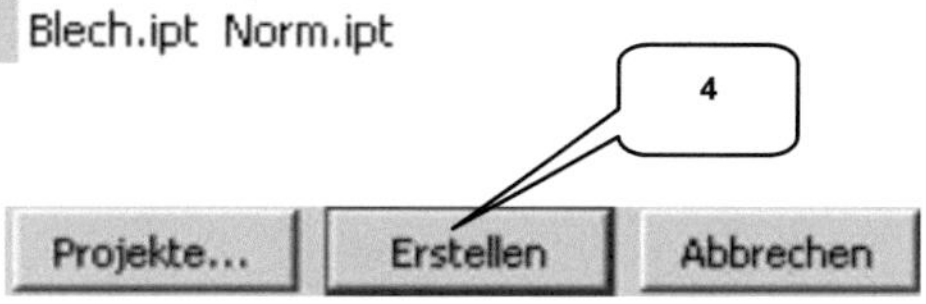

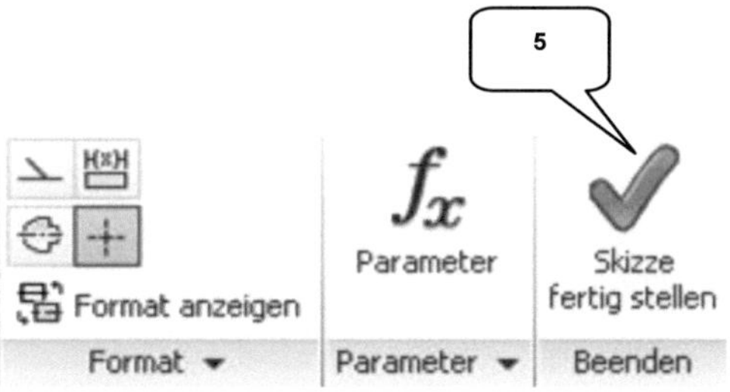

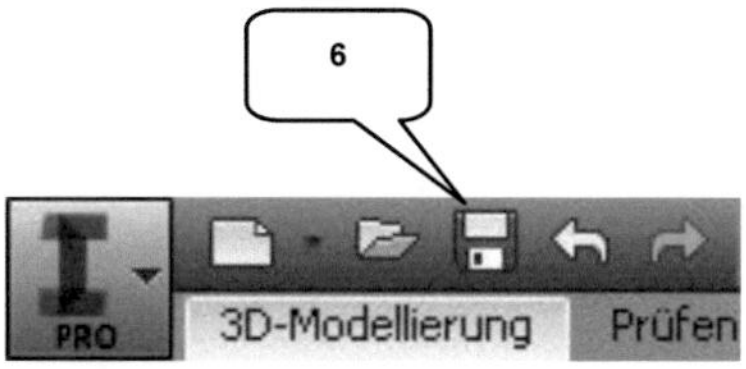

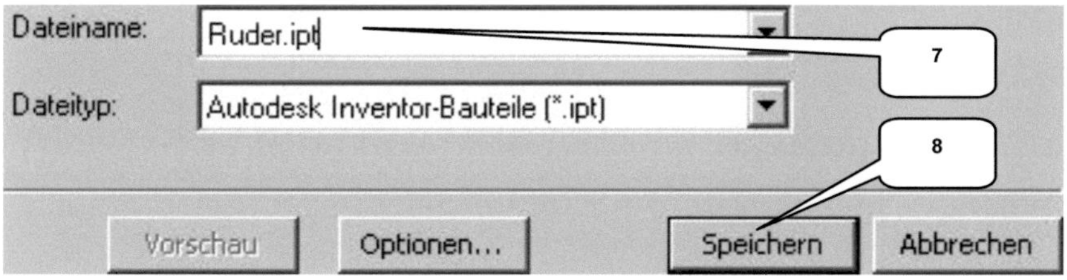

7.2 Basisskizze des Ruders zeichnen

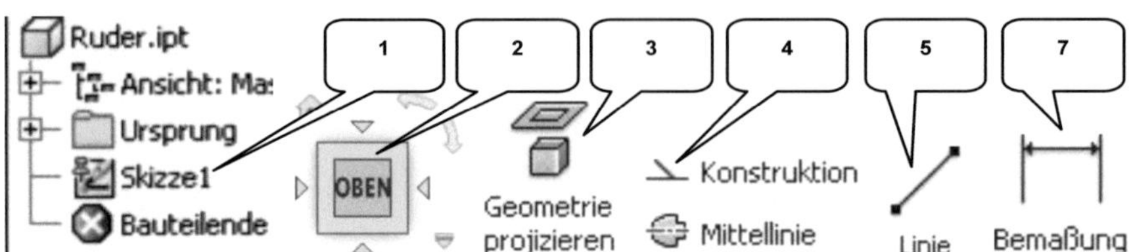

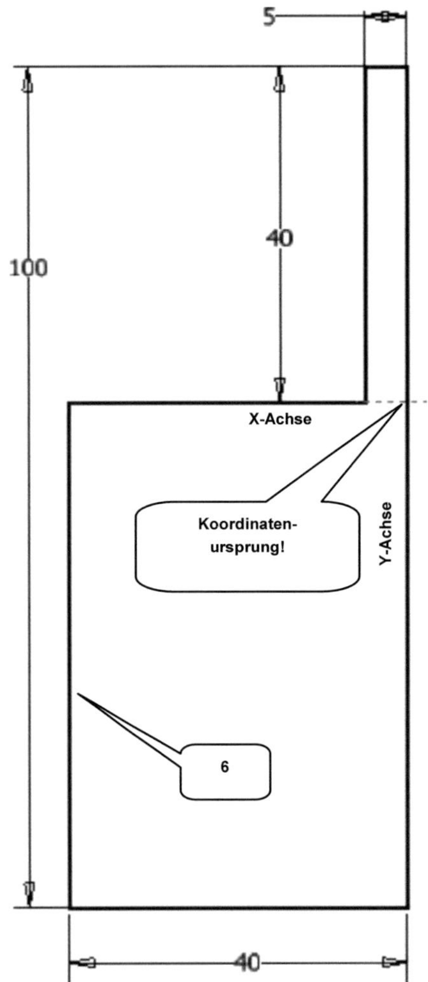

> „Skizze1" per Doppelklick öffnen (1)

> *ViewCube-Ansicht: OBEN* (2)

> *Geometrie projizieren* (3)
> Ordner Ursprung im Modellbaum auf-
klappen
> X-, Y-, Z-Achse wählen
> *Taste: ESC*
> Fenster über projizierte Achsen ziehen

> *Konstruktion* (4)
> *Taste: ESC*

> *Linie* (5)
> Kontur (6) zeichnen
> *Taste: ESC*

> *Bemaßung* (7)
> Kontur bemaßen wie dargestellt

> *Skizze fertig stellen*

7.3 Ruder extrudieren

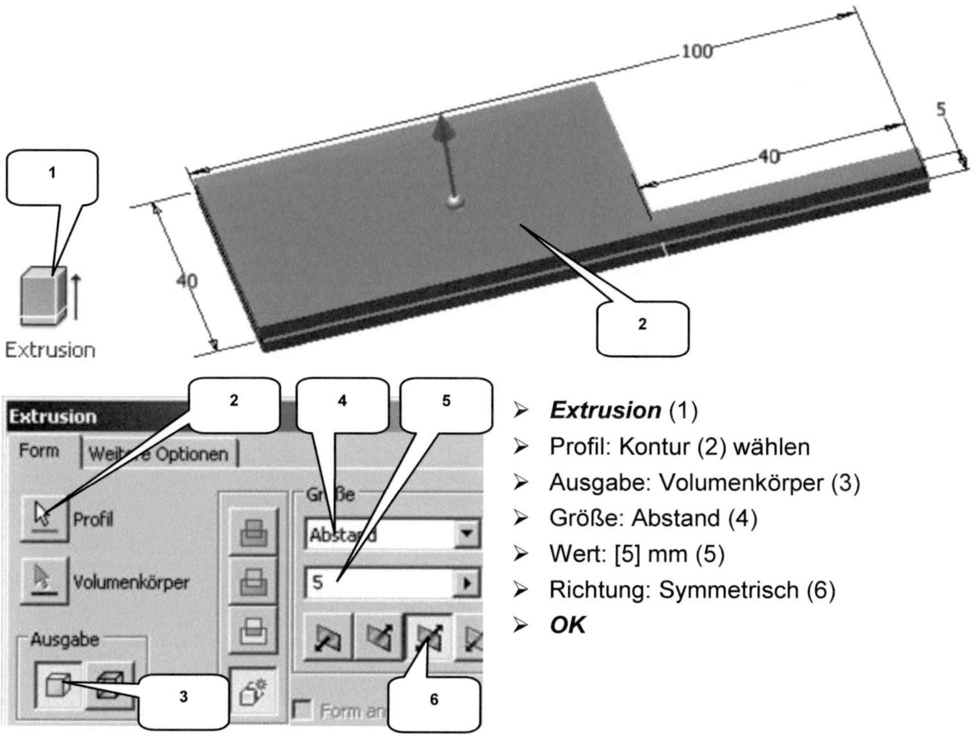

> ***Extrusion*** (1)
> Profil: Kontur (2) wählen
> Ausgabe: Volumenkörper (3)
> Größe: Abstand (4)
> Wert: [5] mm (5)
> Richtung: Symmetrisch (6)
> ***OK***

7.4 Pinne als Quader erzeugen

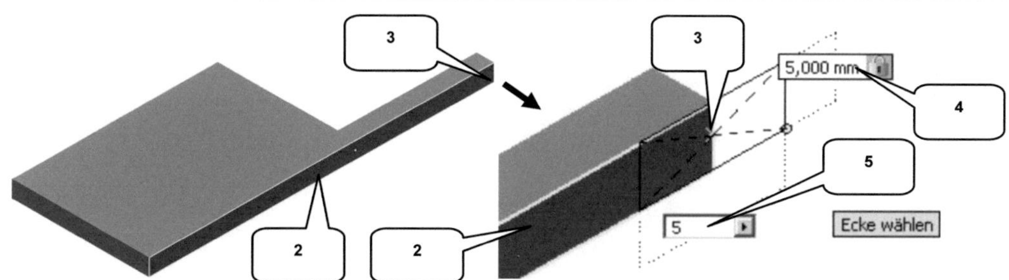

> ***Quader*** (1)
> Fläche (2) wählen
> Mittelpunkt (Quader) auf Linien-
> mittelpunkt der projizierten Linie set-
> zen (3)

> ***Taste: TAB***
> Breite: [5] mm (4)
> ***Taste: TAB***
> Höhe: [5] mm (5)
> ***Taste: ENTER***

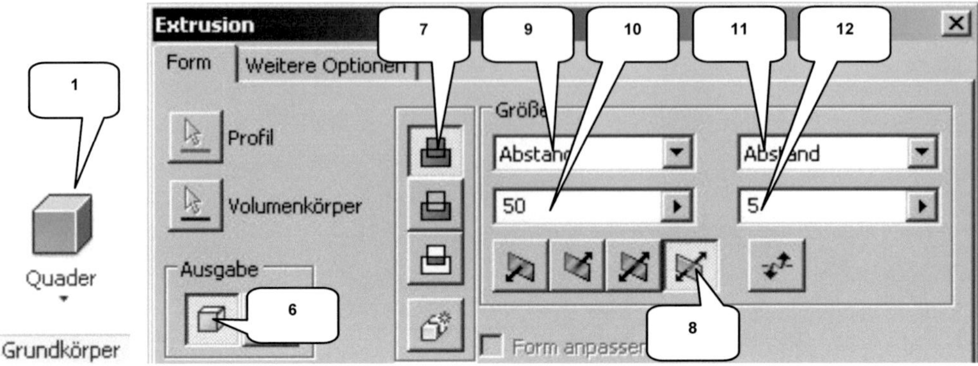

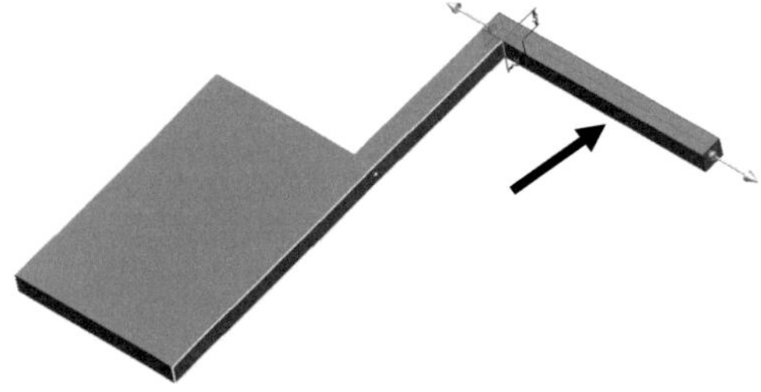

> Ausgabe: Volumenkörper (6)
> Verfahren: Vereinigung (7)
> Option: Asymmetrisch (8)
> Größe 1: Abstand (9)
> Wert 1: [50] mm (10)
> Größe 2: Abstand (11)
> Wert 2: [5] mm (12)
> **OK**

7.5   *Ruderblatt fasen*

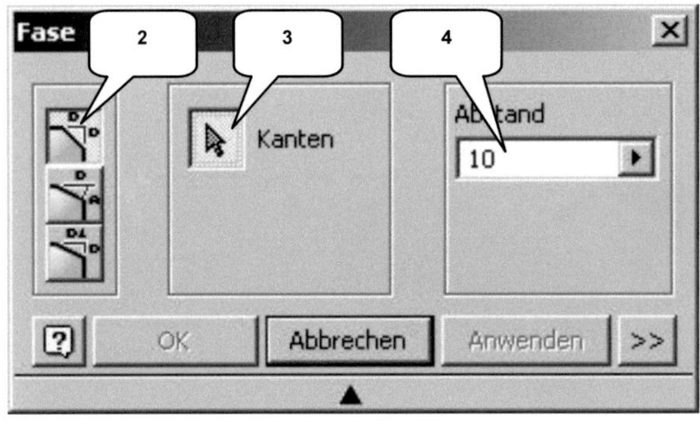

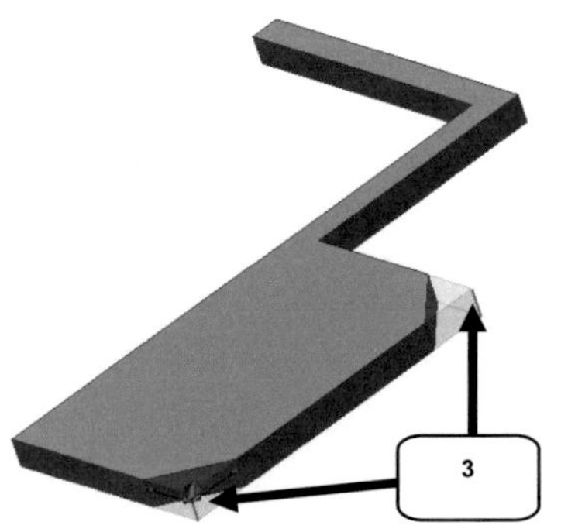

> **Fasen** (1)
> Option: Abstand (2)
> Kanten: Kanten (3) wählen
> Abstand: [10] mm (4)
> **OK**

7.6 Pinne abrunden

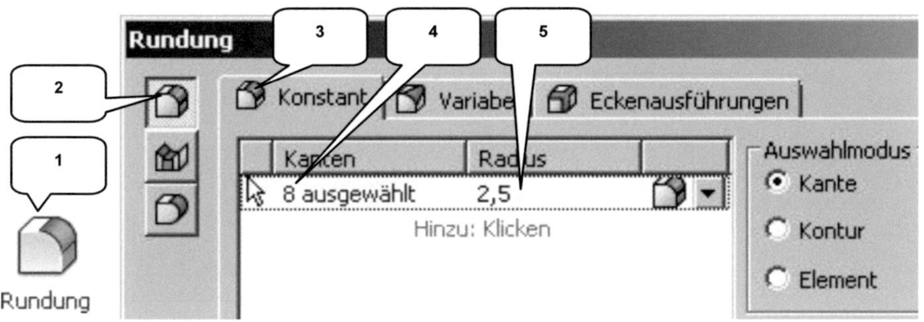

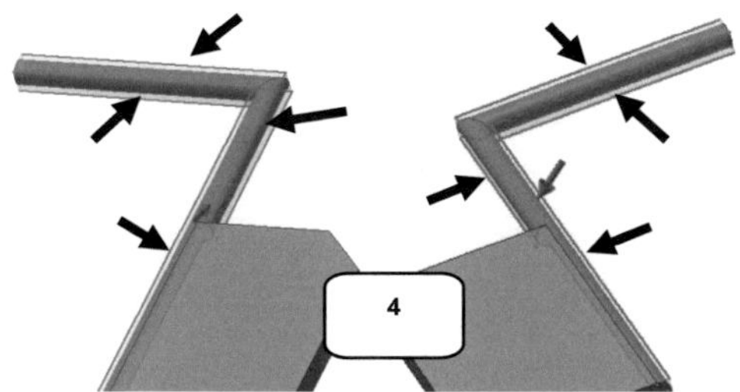

> ***Rundung*** (1)
> Option: Kantenabrundung (2)
> Reiter: Konstant (3)
> 8 Kanten wählen (4)
> Radius: [2,5] mm (5)
> ***OK***

7.7 Pinne mit Gewinde versehen

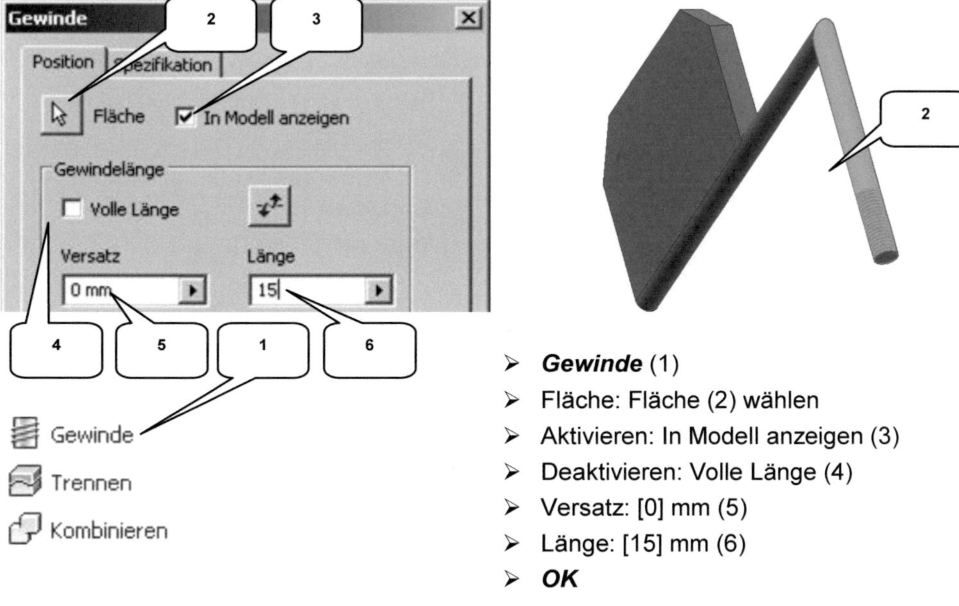

> ***Gewinde*** (1)
> Fläche: Fläche (2) wählen
> Aktivieren: In Modell anzeigen (3)
> Deaktivieren: Volle Länge (4)
> Versatz: [0] mm (5)
> Länge: [15] mm (6)
> ***OK***

7.8   *Ruderblatt abrunden*

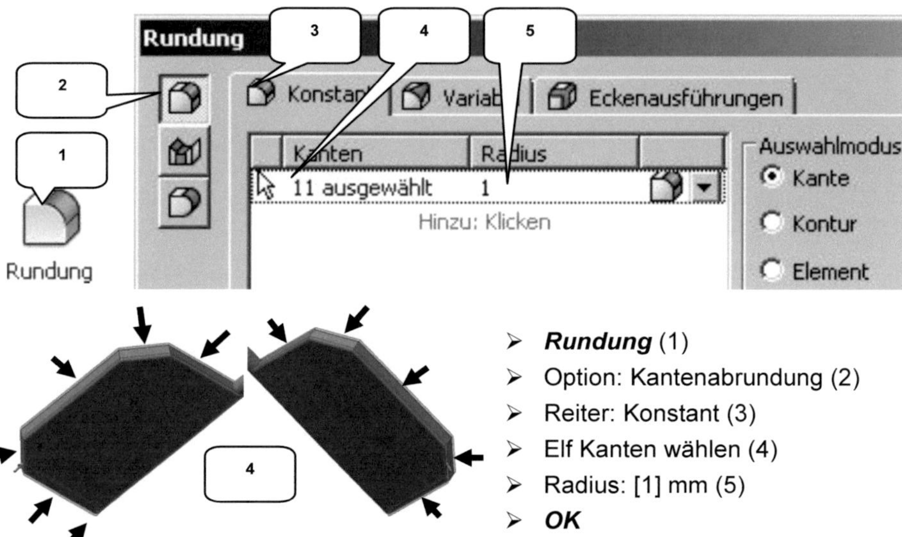

> ➤ **Rundung** (1)
> ➤ Option: Kantenabrundung (2)
> ➤ Reiter: Konstant (3)
> ➤ Elf Kanten wählen (4)
> ➤ Radius: [1] mm (5)
> ➤ **OK**

7.9   *Farben zuweisen, Datei speichern und schließen*

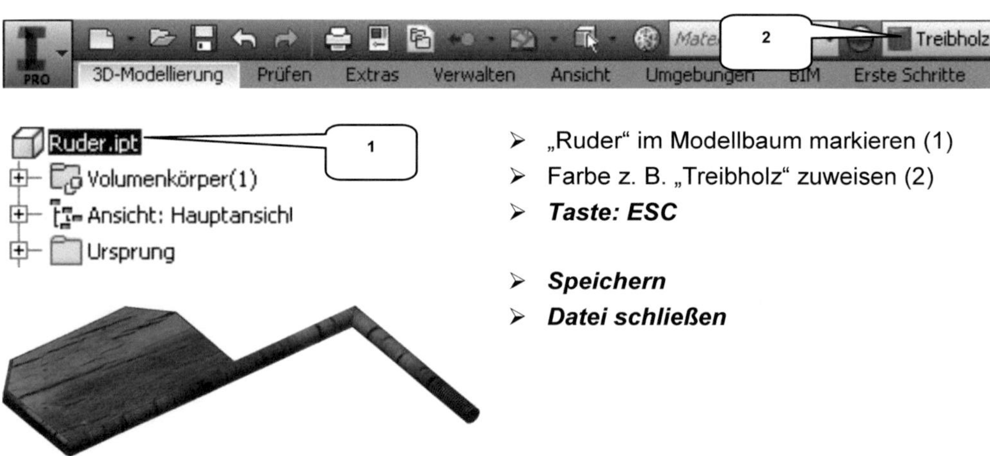

> ➤ „Ruder" im Modellbaum markieren (1)
> ➤ Farbe z. B. „Treibholz" zuweisen (2)
> ➤ **Taste: ESC**
>
> ➤ **Speichern**
> ➤ **Datei schließen**

8 Schiffsschraube

Agenda

> ➢ Bauteil „Schiffsschraube" erstellen
> ➢ Ebenen mit Versatz erzeugen
> ➢ Erste 2D-Skizze zeichnen
> ➢ Zweite 2D-Skizze zeichnen
> ➢ Dritte 2D-Skizze zeichnen
> ➢ Den ersten Flügel der Schiffsschraube erheben
> ➢ Flügel kopieren und polar anordnen
> ➢ Zentralen Kugelkopf erzeugen
> ➢ Antriebswelle durch Zylinder erzeugen
> ➢ Farben zuweisen, Datei speichern und schließen

8.1 Bauteil „Schiffsschraube" erstellen

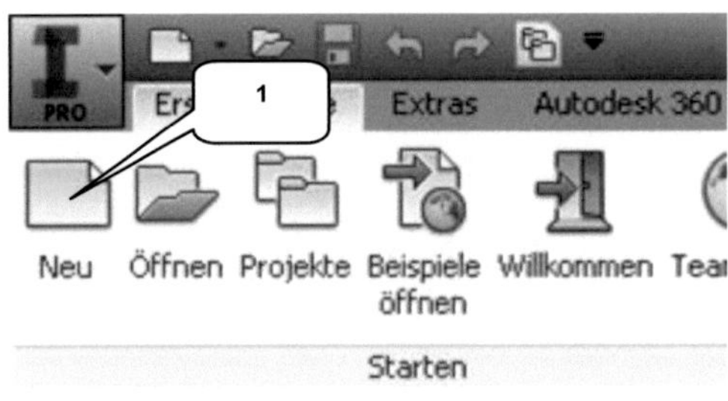

- ➢ **Neu** (1)
- ➢ Templates (2)
- ➢ Bauteil: Norm.ipt (3)
- ➢ **Erstellen** (4)

- ➢ **Skizze fertig stellen** (5)
- ➢ **Speichern** (6)
- ➢ Dateiname: [Schiffsschraube] (7)
- ➢ **Speichern** (8)

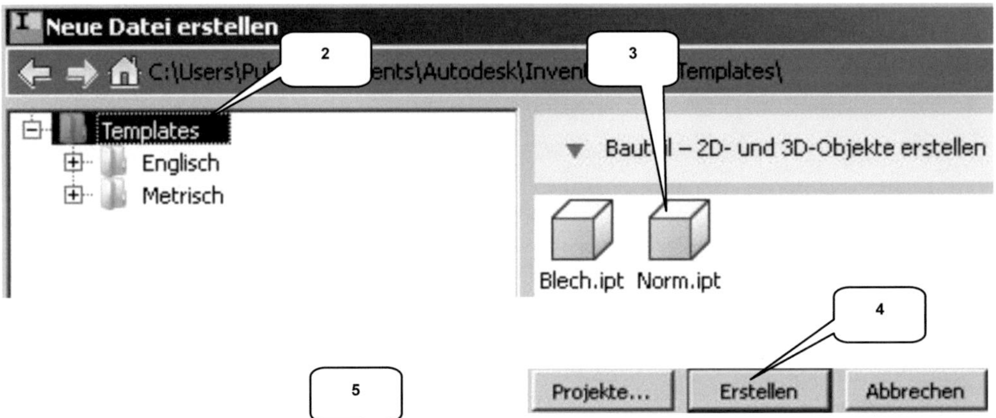

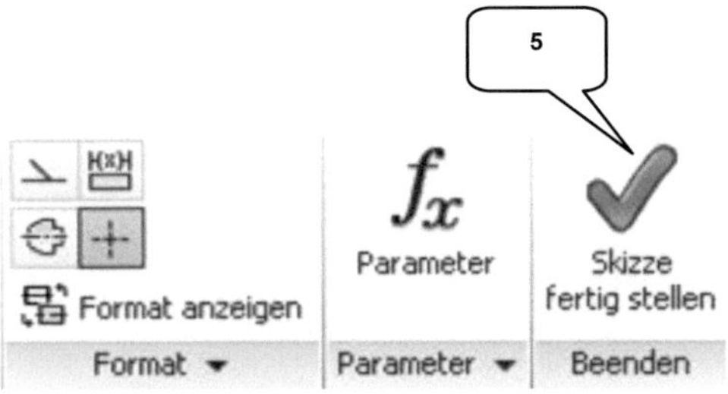

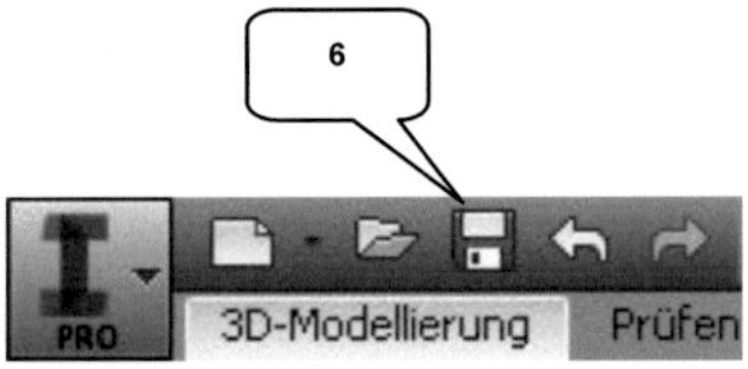

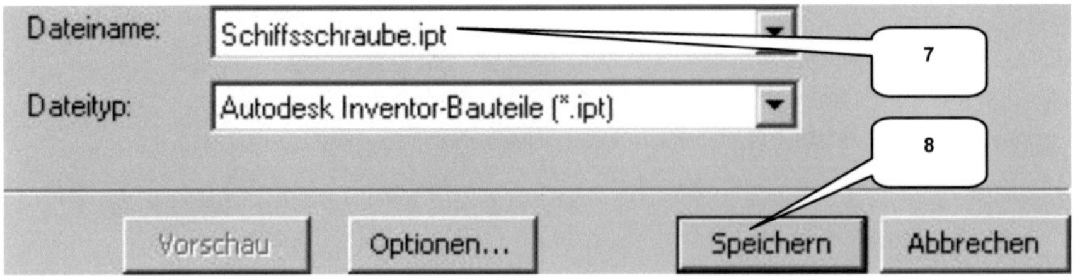

8.2 Ebenen mit Versatz erzeugen

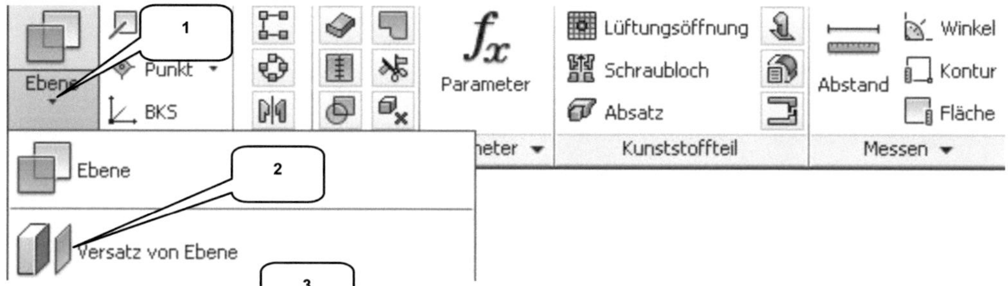

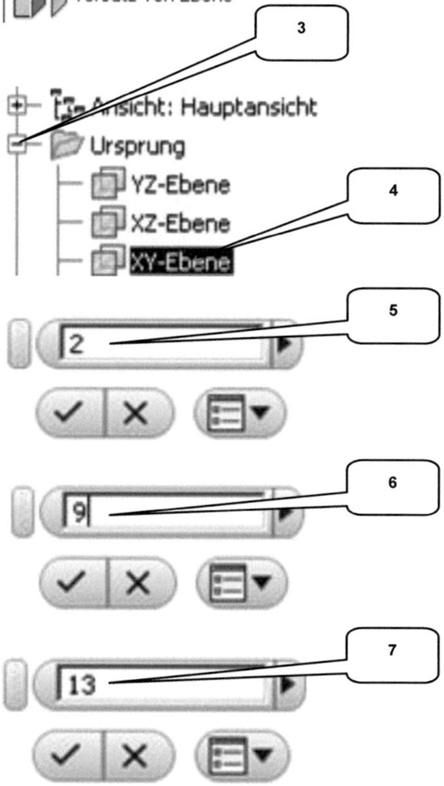

> Befehlsgruppe „Ebene" erweitern (1)

> ***Versatz von Ebene*** (2)
> Ordner „Ursprung" im Modellbaum auf-
> klappen (3)
> XY-Ebene wählen (4)
> Versatzwert: [2] mm (5)
> ***OK***

> ***Versatz von Ebene*** (2)
> XY-Ebene wählen (4)
> Versatzwert: [9] mm (6)
> ***OK***

> ***Versatz von Ebene*** (2)
> XY-Ebene wählen (4)
> Versatzwert: [13] mm (7)
> ***OK***

Alle Ebenen sind, ausgehend von der XY-Ebene, in dieselbe Richtung zu erzeugen.

8.3   Erste 2D-Skizze zeichnen

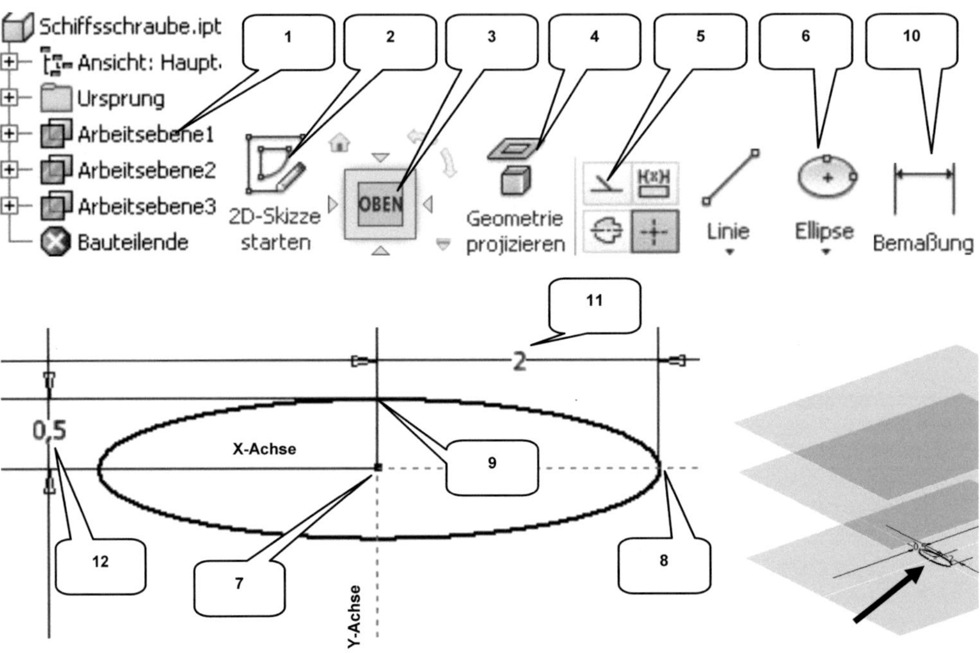

> 1. Arbeitsebene markieren (1)

> **2D-Skizze starten** (2)

> **ViewCube-Ansicht: OBEN** (3)

> **Geometrie projizieren** (4)
> X-, Y-, Z-Achse wählen
> **Taste: ESC**
> Fenster über projizierte Achsen ziehen

> **Konstruktion** (5)
> **Taste: ESC**

> **Ellipse** (6)

> 1. Punkt im Koordinatenursprung ablegen (7)
> 2. Punkt auf der X-Achse ablegen (8)
> 3. Punkt auf der Y-Achse ablegen (9)
> **Taste: ESC**

> **Bemaßung** (10)
> Ellipse wählen
> 1. Maß oberhalb der Ellipse ablegen
> Wert: [2] mm (11)
> Ellipse markieren
> 2. Maß links neben der Ellipse ablegen
> Wert: [0,5] mm (12)

> **Skizze fertig stellen**

8.4   Zweite 2D-Skizze zeichnen

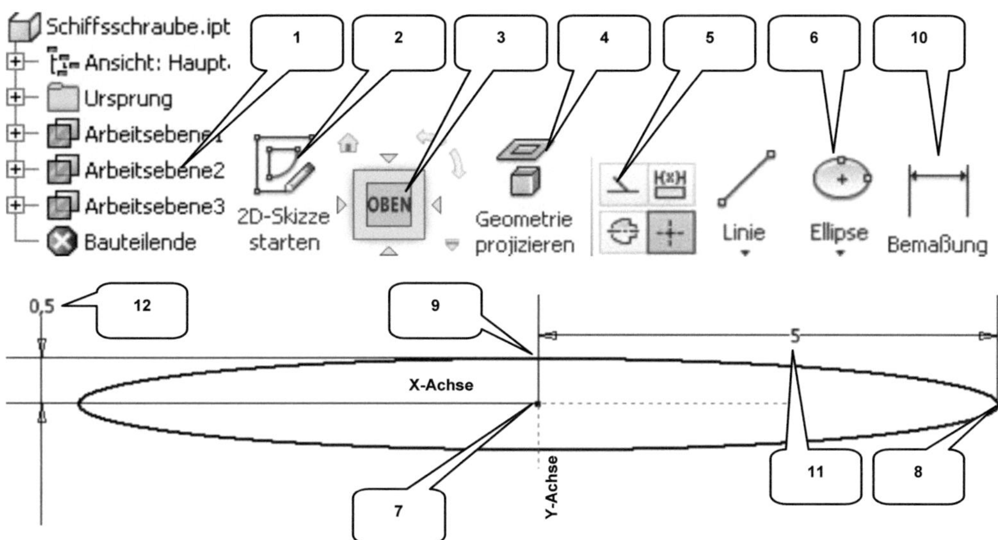

> Letzte Skizze ausblenden (rechte Maustaste > Sichtbarkeit deaktiv.)
> 2. Arbeitsebene markieren (1)

> *2D-Skizze starten* (2)

> *ViewCube-Ansicht: OBEN* (3)

> *Geometrie projizieren* (4)
> X-, Y-, Z-Achse wählen
> *Taste: ESC*
> Fenster über projizierte Achsen ziehen

> *Konstruktion* (5)
> *Taste: ESC*

> *Ellipse* (6)
> 1. Punkt im Koordinatenursprung ablegen (7)
> 2. Punkt auf der X-Achse ablegen (8)
> 3. Punkt auf der Y-Achse ablegen (9)
> *Taste: ESC*

> *Bemaßung* (10)
> Ellipse markieren
> 1. Maß oberhalb der Ellipse ablegen
> Wert: [5] mm (11)
> Ellipse markieren
> 2. Maß links neben der Ellipse ablegen
> Wert: [0,5] mm (12)
> *Taste: ESC*

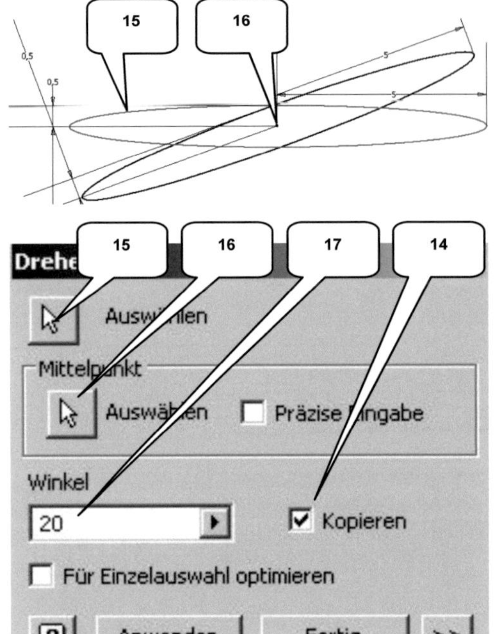

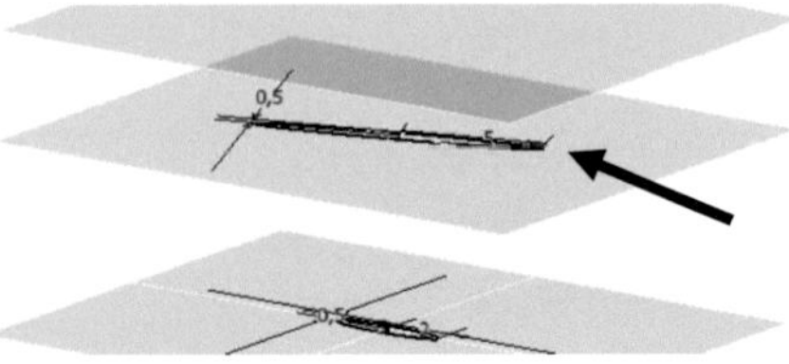

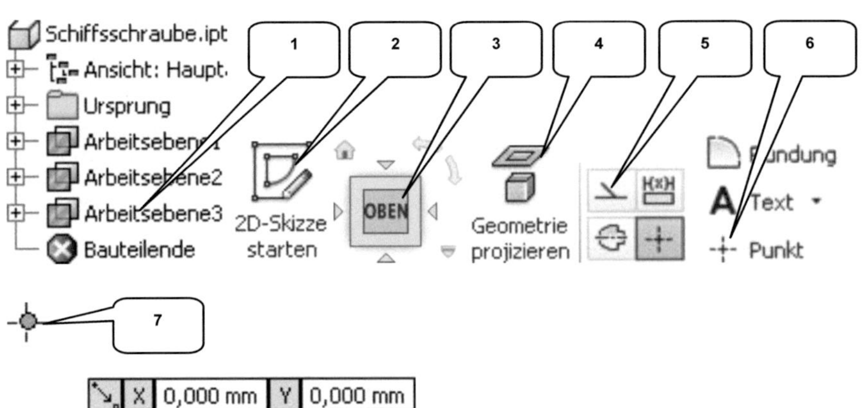

> **Drehen** (13)
> Aktivieren: Kopieren (14)
> Auswählen: Ellipse markieren (15)
> Mittelpunkt: Koordinatenursprung/ Ellipsenmittelpunkt wählen (16)
> Winkel: [20] Grad (17)
> **Anwenden**
> **Fertig**

> Die 1. Ellipse markieren (15)
> **Taste: ENTF** (Löschen)

> **Skizze fertig stellen**

8.5 Dritte 2D-Skizze zeichnen

- ➤ Letzte Skizze ausblenden (rechte Maustaste > Sichtbarkeit deaktiv.)
- ➤ 3. Arbeitsebene markieren (1)

- ➤ *2D-Skizze starten* (2)

- ➤ *ViewCube-Ansicht: OBEN* (3)

- ➤ *Geometrie projizieren* (4)
- ➤ X-, Y-, Z-Achse wählen
- ➤ *Taste: ESC*
- ➤ Fenster über projizierte Achsen ziehen

- ➤ *Konstruktion* (5)
- ➤ *Taste: ESC*

- ➤ *Punkt* (6)
- ➤ Punkt im Koordinatenursprung ablegen (7)
- ➤ *Taste: ESC*

- ➤ *Skizze fertig stellen*

- ➤ Alle Skizzen wieder einblenden (rechte Maustaste > Sichtbarkeit aktiv.)
- ➤ Alle sichtbaren Arbeitsebenen ausblenden
- ➤ (rechte Maustaste > Sichtbarkeit)

8.6 Flügel der Schiffsschraube als Erhebung erzeugen

- ➤ *Erhebung* (1)
- ➤ Reiter: Kurven
- ➤ Option: Volumenkörper (2)
- ➤ Schnitte: 1. Ellipse, 2. Ellipse und Punkt nacheinander wählen (3, 4, 5)
- ➤ Reiter: Bedingungen
- ➤ „Bedingung" (2. Zeile) auf „Tangente" ändern (4)
- ➤ „Gewicht" (2. Zeile) auf den Wert [4,5] ändern (5)
- ➤ *OK*

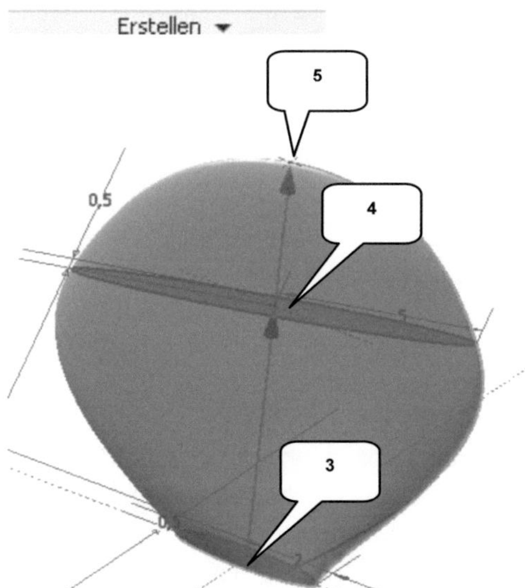

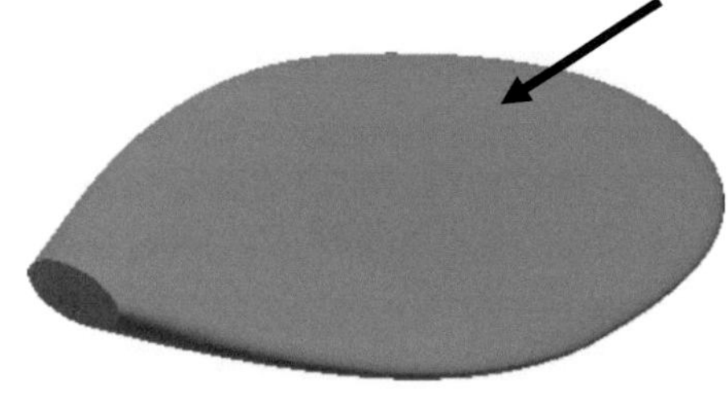

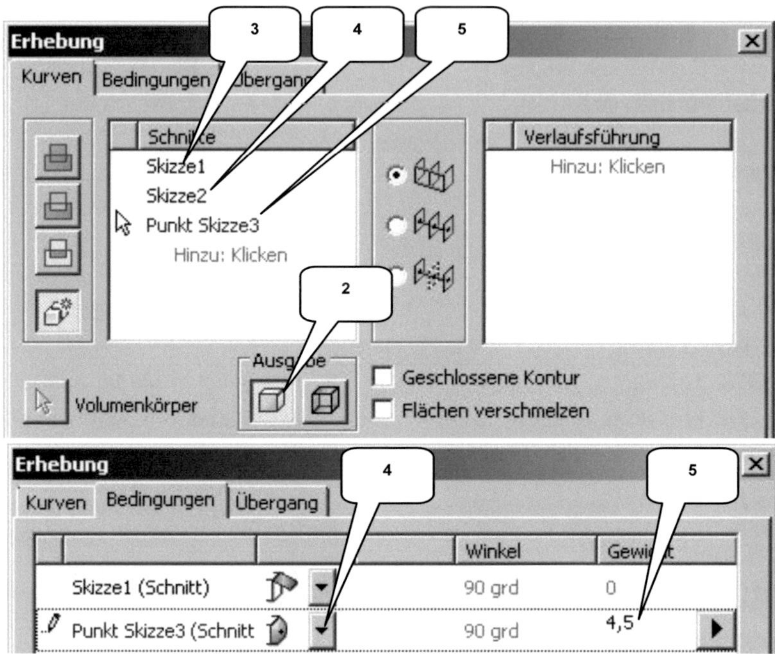

8.7 Flügel polar anordnen

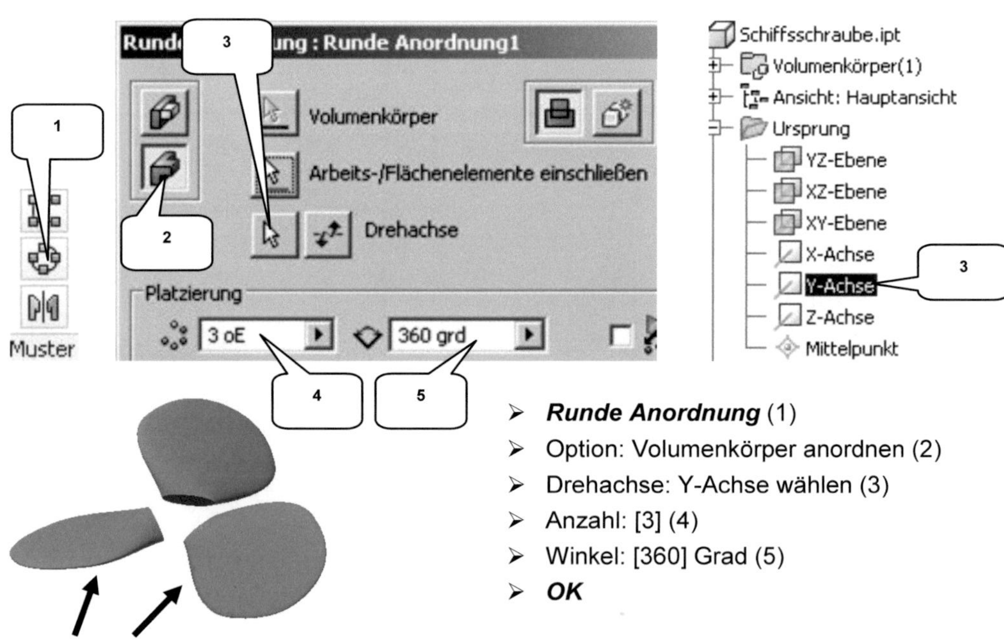

> **Runde Anordnung** (1)
> Option: Volumenkörper anordnen (2)
> Drehachse: Y-Achse wählen (3)
> Anzahl: [3] (4)
> Winkel: [360] Grad (5)
> **OK**

8.8   Zentralen Kugelkopf erzeugen

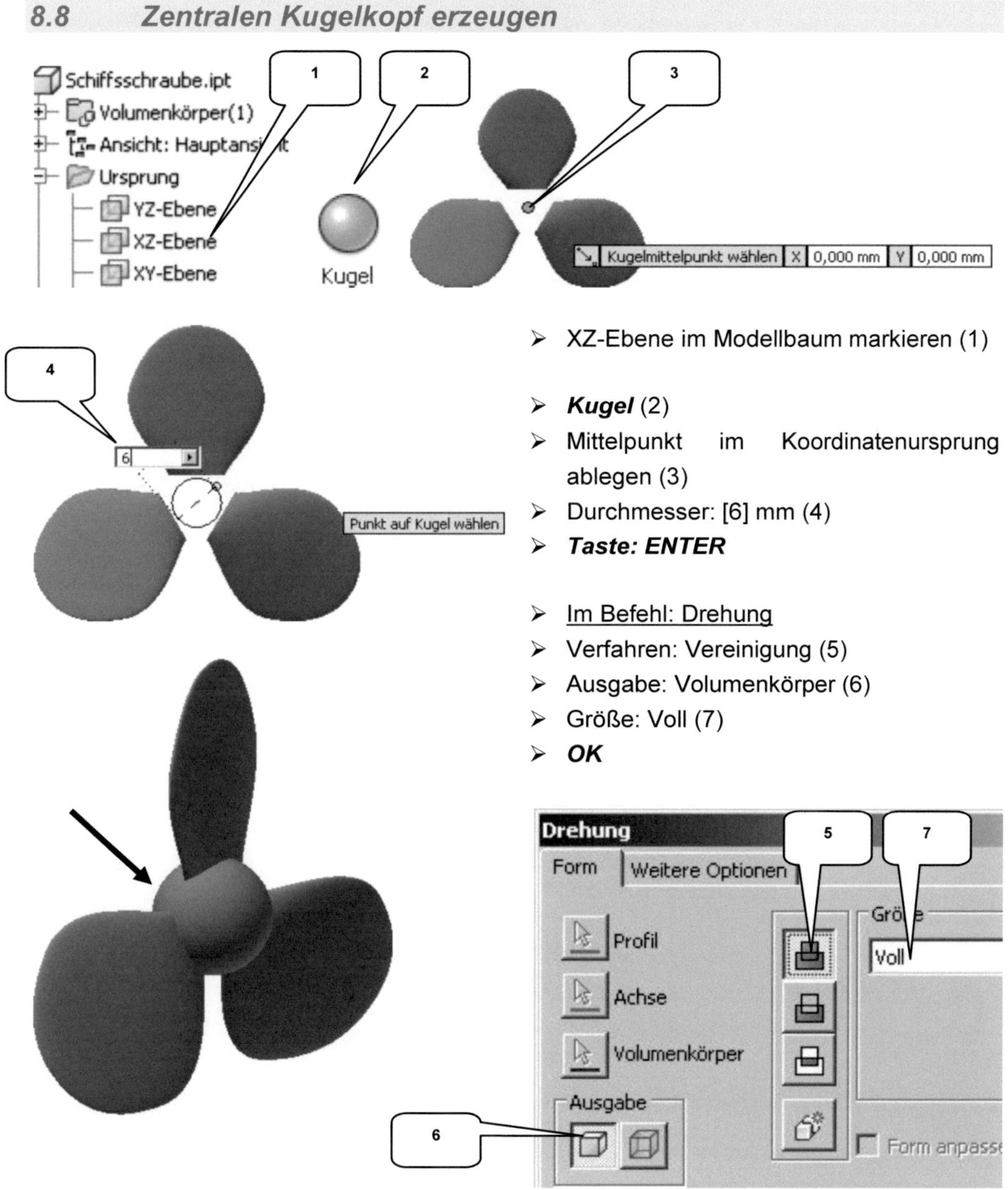

> XZ-Ebene im Modellbaum markieren (1)

> ***Kugel*** (2)
> Mittelpunkt im Koordinatenursprung ablegen (3)
> Durchmesser: [6] mm (4)
> ***Taste: ENTER***

> <u>Im Befehl: Drehung</u>
> Verfahren: Vereinigung (5)
> Ausgabe: Volumenkörper (6)
> Größe: Voll (7)
> ***OK***

8.9   Antriebswelle mittels Zylinder erzeugen

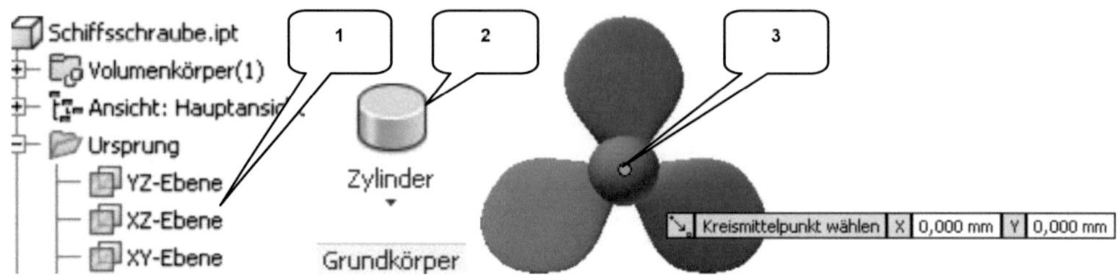

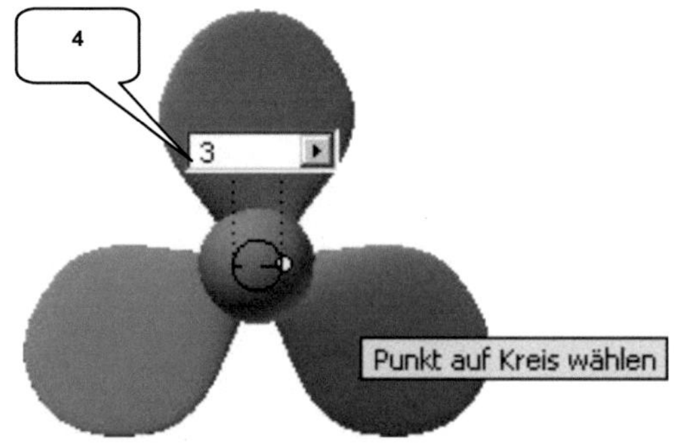

> ➤ XZ-Ebene im Modellbaum markieren (1)

> ➤ *Zylinder* (2)
> ➤ Mittelpunkt im Koordinatenursprung ablegen (3)
> ➤ Durchmesser: [3] mm (4)
> ➤ *Taste: ENTER*

> ➤ <u>Im Befehl: Extrusion</u>
> ➤ Ausgabe: Volumenkörper (5)
> ➤ Verfahren: Vereinigung (6)
> ➤ Größe: Abstand (7)
> ➤ Wert: [50] mm (8)
> ➤ Richtung: 2 (9)
> ➤ *OK*

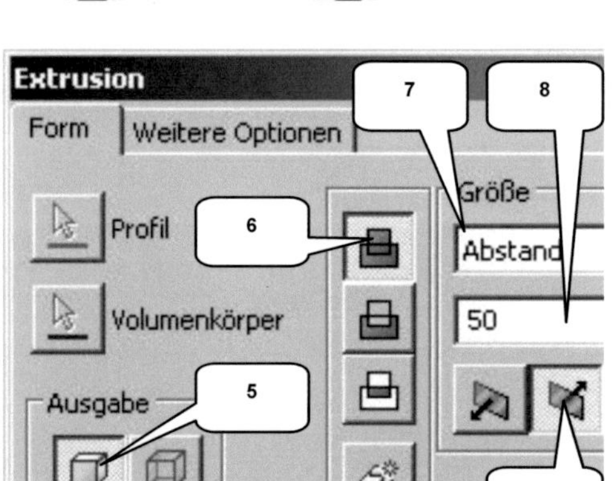

8.10   Farben zuweisen, Datei speichern und schließen

> ➤ „Schiffsschraube" im Modellbaum markieren
> ➤ Farbe z. B. „Chrom - poliert - blau" (1)

> ➤ Datei *speichern* und *schließen*

9 Mast, Baum und Segel

Agenda

- ➤ Bauteil „Mast_Baum_Segel" erstellen
- ➤ 2D-Skizze des Masts zeichnen
- ➤ Mast extrudieren
- ➤ 2D-Skizze des Baums zeichnen
- ➤ Baum extrudieren
- ➤ 2D-Skizze des Segels zeichnen
- ➤ Segel als Umgrenzungsfläche erzeugen
- ➤ Farben zuweisen, Datei speichern und schließen

9.1 Bauteil „Mast_Baum_Segel" erstellen

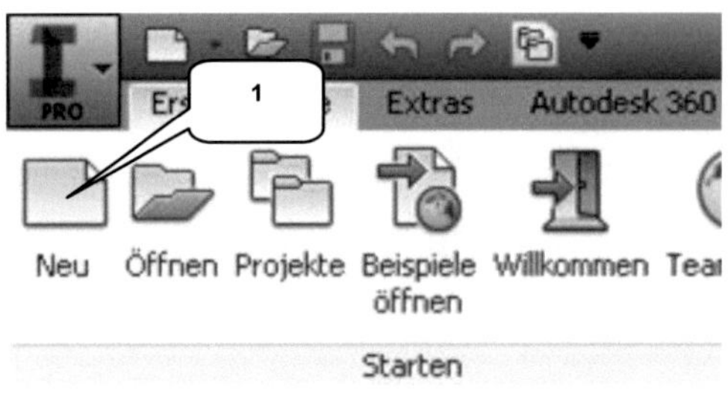

- ➢ **Neu** (1)
- ➢ Templates (2)
- ➢ Bauteil: Norm.ipt (3)
- ➢ **Erstellen** (4)

- ➢ **Skizze fertig stellen** (5)
- ➢ **Speichern** (6)
- ➢ Dateiname: [Mast_Baum_Segel] (7)
- ➢ **Speichern** (8)

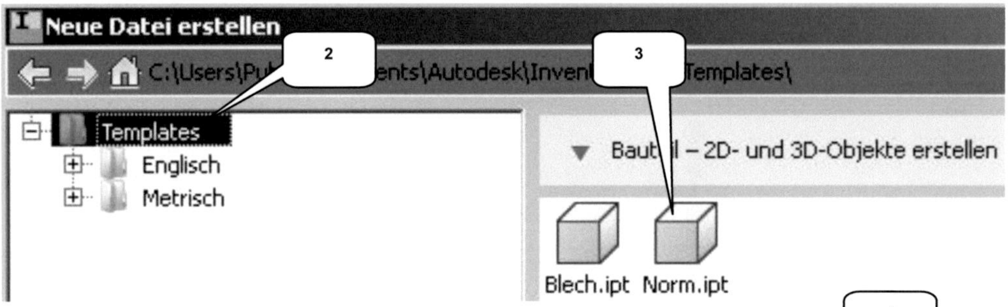

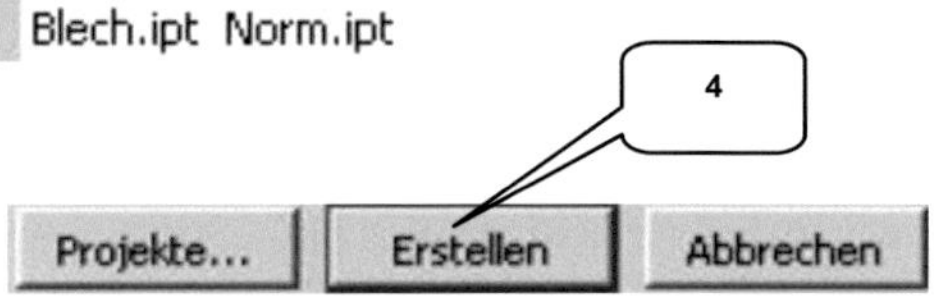

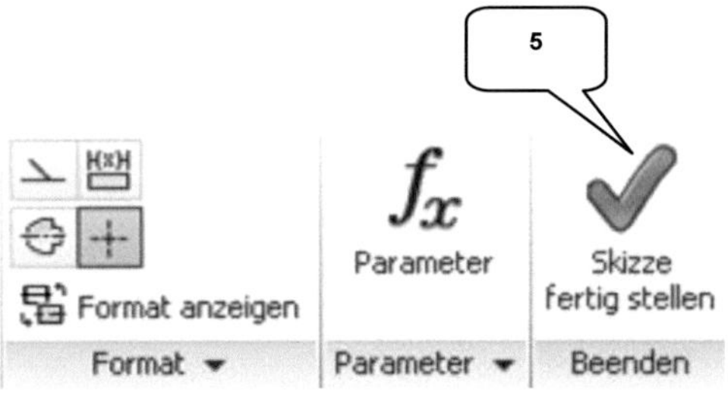

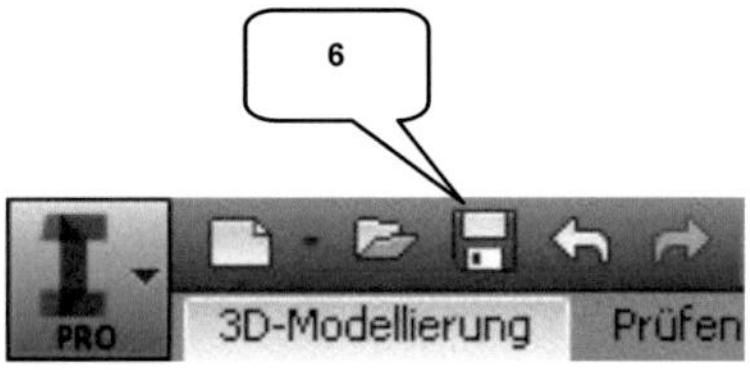

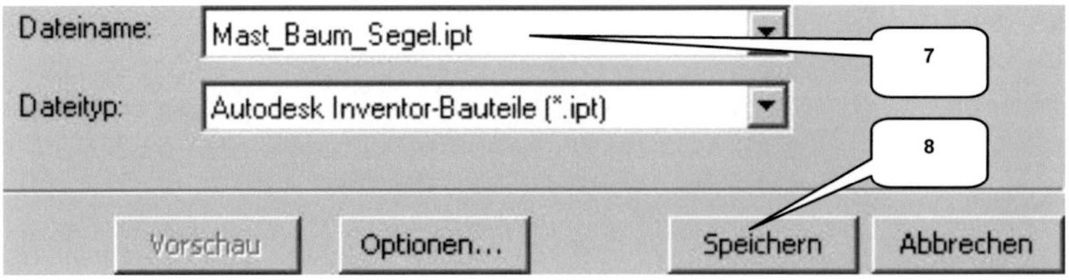

9.2   Basisskizze des Masts zeichnen

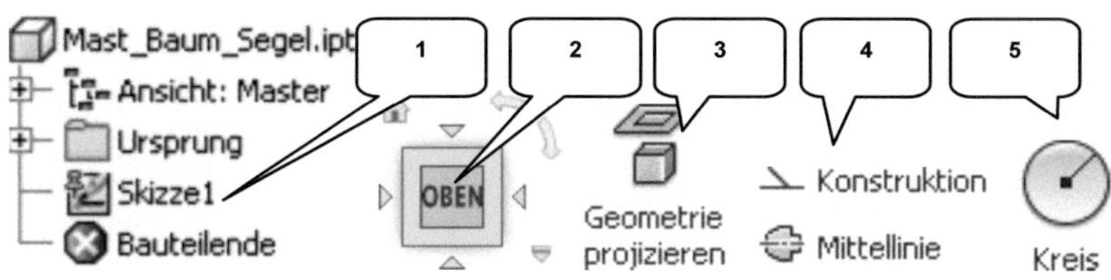

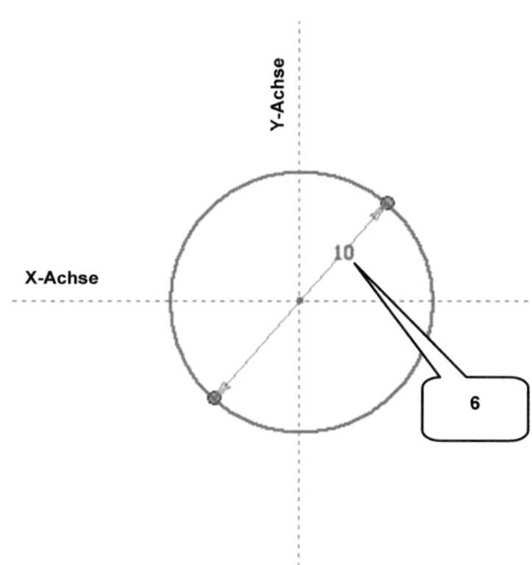

> Im Modellbaum auf „Skizze1" doppelklicken (1)

> *ViewCube-Ansicht: OBEN* (2)

> *Geometrie projizieren* (3)
> Ordner „Ursprung" im Modellbaum aufklappen
> X-, Y-, Z-Achse wählen
> *Taste: ESC*
> Fenster über projizierte Achsen ziehen

> *Konstruktion* (4)
> *Taste: ESC*

> *Kreis durch Mittelpunkt* (5)
> Kreismittelpunkt im Koordinatenursprung ablegen
> Durchmesser: [10] mm (6)
> *Taste: ENTER*
> *Taste: ESC*

> *Skizze fertig stellen*

9.3 Mast extrudieren

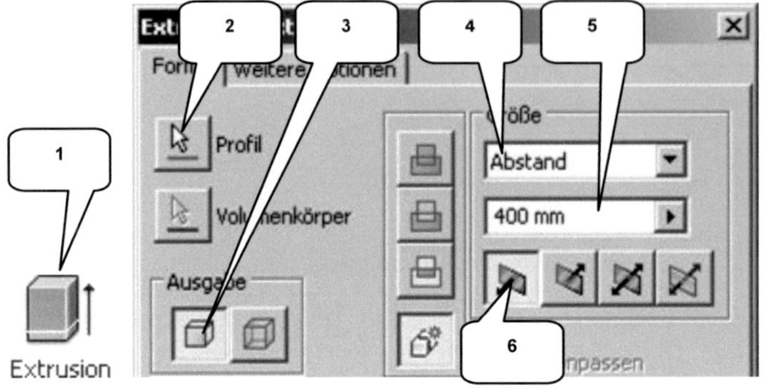

> ***Extrusion*** (1)
> <u>Reiter: Form</u>
> Profil: Kreis (2) wählen
> Ausgabe: Volumenkörper (3)
> Größe: Abstand (4)
> Wert: [400] mm (5)
> Richtung: 1 (6)
> <u>Reiter: Weitere Optionen</u>
> Verjüngung: [-0,3] Grad (7)
> ***OK***

9.4 Basisskizze des Baums zeichnen

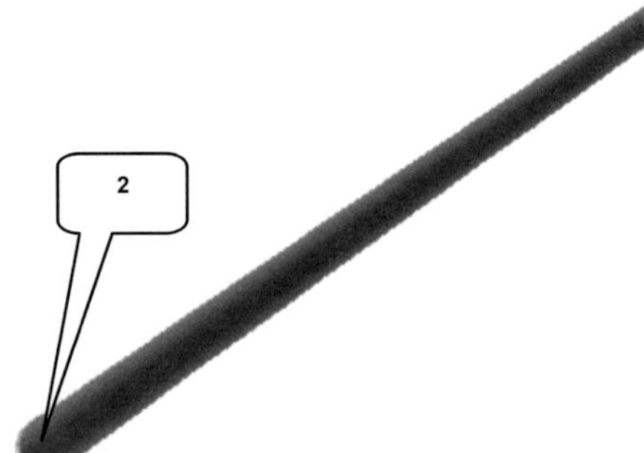
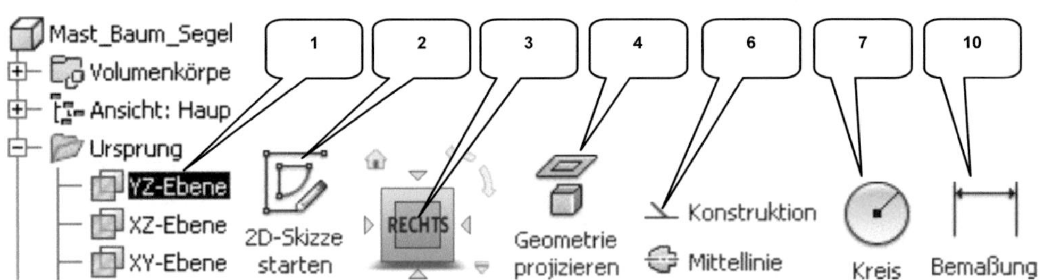

> YZ-Ebene markieren (1)
>
> ***2D-Skizze starten*** (2)
> ***ViewCube-Ansicht: RECHTS*** (3)
> ***Taste: F7*** (Skizze schneiden)

> ***Geometrie projizieren*** (4)
> X-, Y-, Z-Achse wählen (Modellbaum)
> Außenkanten (5, 6) am Mast wählen
> ***Taste: ESC***
> Fenster über alle Linien aufziehen

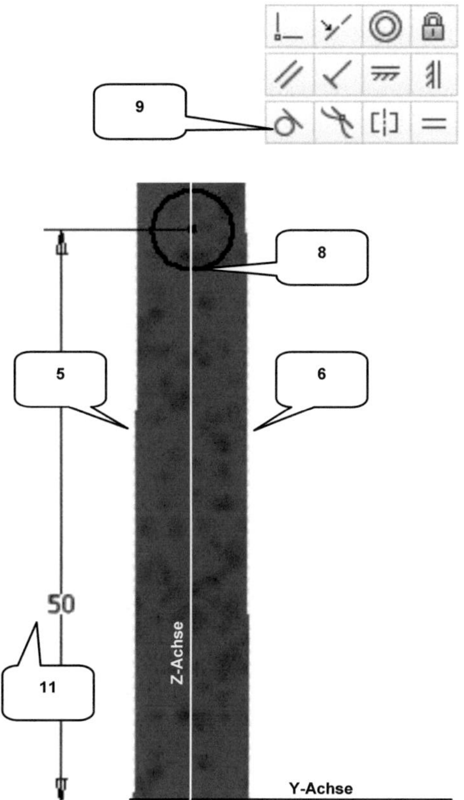

> ***Konstruktion*** (6)
> ***Taste: ESC***

> ***Kreis durch Mittelpunkt*** (7)
> Kreismittelpunkt auf projizierter Z-Achse ablegen (oberhalb der Y-Achse)
> Zweiten Punkt des Kreises ablegen, sodass sich der Kreis innerhalb des Masts befindet (ohne Bemaßung!) (8)

> ***Abhängigkeit: Tangential*** (9)
> Kreis wählen (8)
> Projizierte Kante (5) wählen
> Kreis wählen (8)
> Projizierte Kante (6) wählen
> ***Taste: ESC***

> ***Bemaßung*** (10)
> Kreismittelpunkt wählen
> Y-Achse wählen
> Maß ablegen
> Wert: [50] mm (11)
> ***Taste: ESC***

> ***Skizze fertig stellen***

9.5   Baum extrudieren

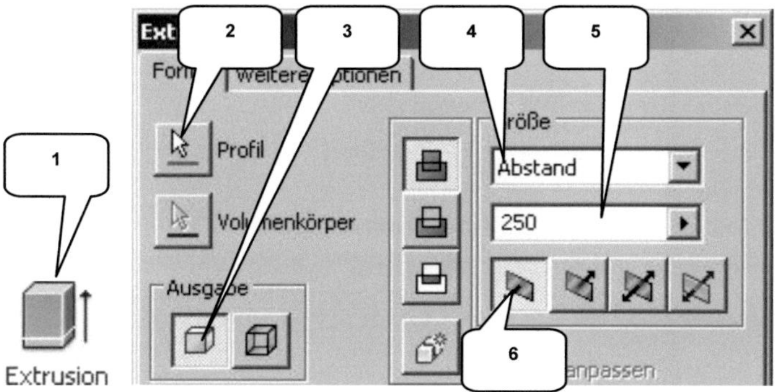

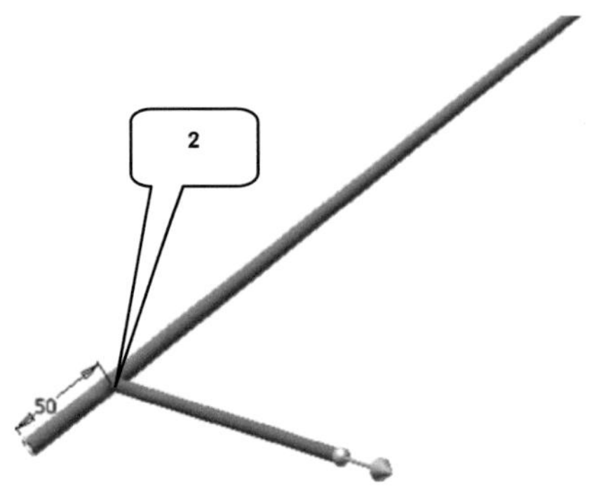

> ***Extrusion*** (1)
> <u>Reiter: Form</u>
> Profil: Kreis (2) wählen (automatisch)
> Ausgabe: Volumenkörper (3)
> Größe: Abstand (4)
> Wert: [250] mm (5)
> Richtung: 1 (6)
> <u>Reiter: Weitere Optionen</u>
> Verjüngung: [-0,3] Grad (7)
> ***OK***

9.6   *Basisskizze des Segels zeichnen*

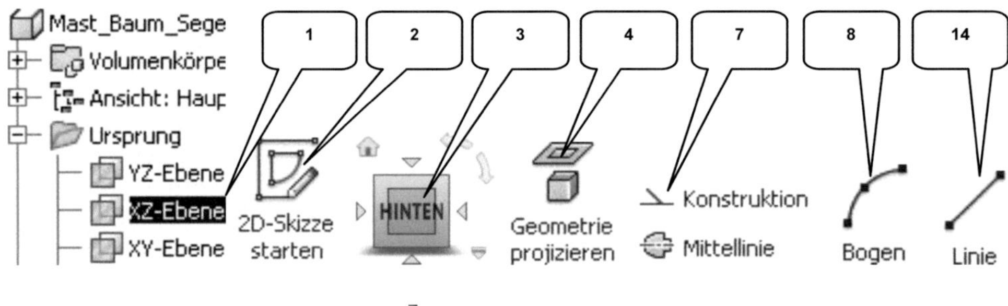

> XZ-Ebene markieren (1)
>
> ***2D-Skizze starten*** (2)
>
> ***ViewCube-Ansicht: HINTEN*** (3)
>
> ***Geometrie projizieren*** (4)
> Außenkante des Masts (5) und Außen-
> kante des Baums (6) projizieren
> ***Taste: ESC***
> Fenster über projizierte Linien ziehen
>
> ***Konstruktion*** (7)
> ***Taste: ESC***

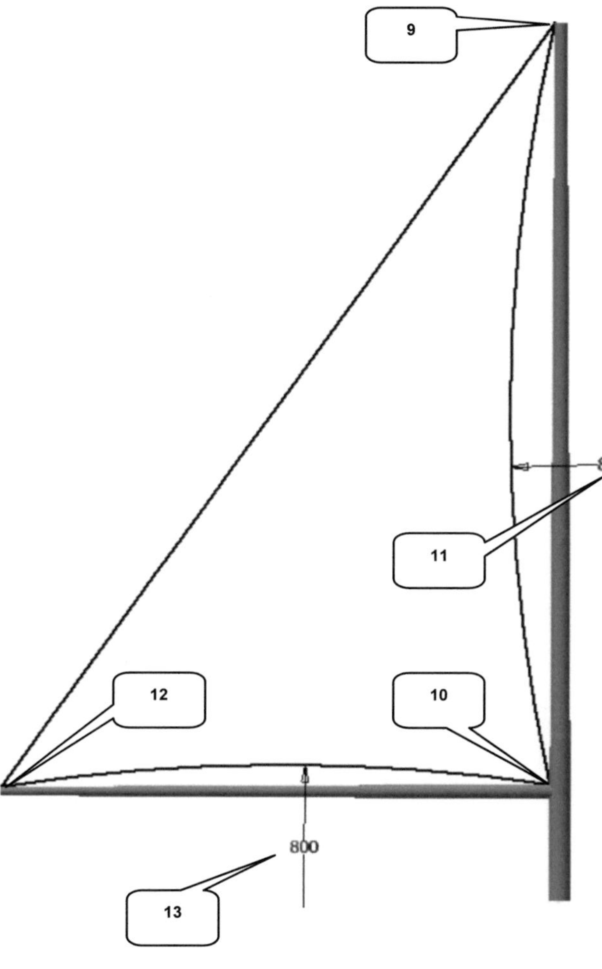

> ***Bogen durch drei Punkte***
> (8)
> 1. Punkt: Punkt (9) wählen
> 2. Punkt: Punkt (10) wäh-
> len
> Maus etwas nach links
> ziehen
> Bogenradius: [800] mm
> (11)
> ***Taste: ENTER***
> ***Taste: ESC***

> ***Bogen durch drei Punkte***
> (8)
> 1. Punkt: Punkt (10) wäh-
> len
> 2. Punkt: Punkt (12) wäh-
> len
> Maus etwas nach oben
> ziehen
> Bogenradius: [800] mm
> (13)
> ***Taste: ENTER***
> ***Taste: ESC***

> ***Linie*** (14)
> 1. Punkt: Punkt (9) wählen
> 2. Punkt: Punkt (12) wäh-
> len
> ***Taste: ESC***

> ***Skizze fertig stellen***

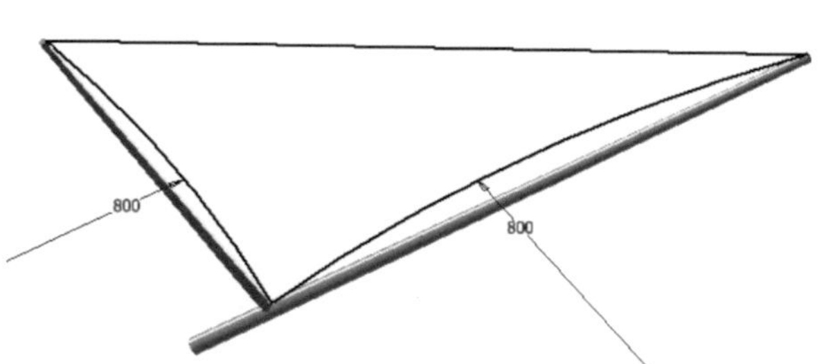

9.7 Segel als Flächenelement (Umgrenzungsfläche) erzeugen

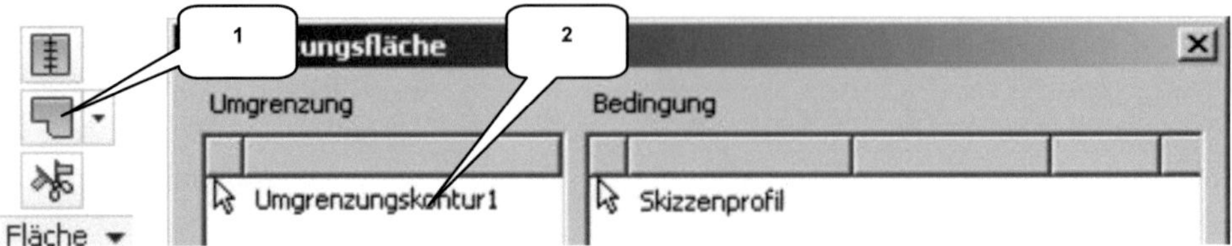

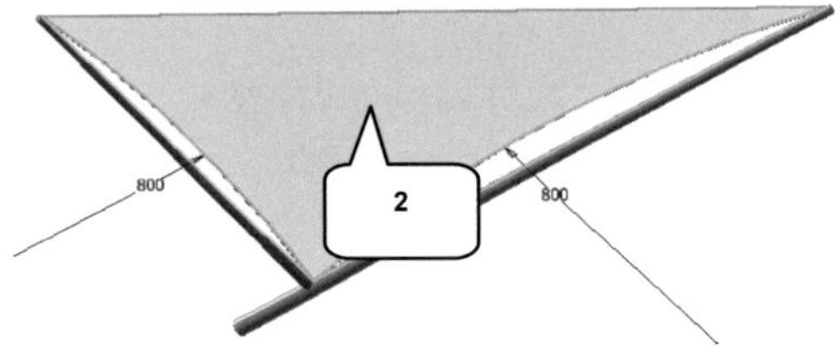

> ***Umgrenzungsfläche*** (1)
> Umgrenzungskontur: Fläche wählen (2)
> ***OK***

9.8 Farben zuweisen, Datei speichern und schließen

> „Mast_Baum_Segel" im Modellbaum markieren (1)
> Farbe z. B. „Treibholz" zuweisen (2)
> ***Taste: ESC***
>
> ***Speichern***
> ***Datei schließen***

Voraussetzung für den Befehl „Umgrenzungsfläche" ist eine geschlossene 2D-Kontur. Sollte die Kontur nicht erkannt werden, muss in die Skizze zurückgewechselt werden und die Kontur dort geschlossen werden (rechte Maustaste auf eine der Linien > Kontur schließen). Eine „Umgrenzungsfläche" stellt eine gewichtslose Fläche dar, welcher später Material hinzugefügt werden kann (Befehl: Verdickung/ Versatz).

10 Baugruppe „BG_Speedboot"

Agenda

- ➤ Baugruppe „BG_Speedboot" erzeugen
- ➤ Platzieren der Bauteile
- ➤ „Rumpf_Speedboot" aus der Baugruppe heraus bearbeiten
- ➤ Bohrung für Antriebswelle in den Rumpf einfügen
- ➤ Bohrung spiegeln
- ➤ Schiffsschraube drehen
- ➤ Schiffsschraube von Bohrung abhängig machen
- ➤ Schiffsschraube spiegeln
- ➤ Bauteil „Reling" aus der Baugruppe heraus erstellen
- ➤ Erste 2D-Skizze zeichnen
- ➤ Zweite 2D-Skizze zeichnen
- ➤ Sweepen der ersten Strebe
- ➤ 3D-Skizze für Anordnung erstellen
- ➤ Strebe kopieren und entlang der Rumpfkante anordnen
- ➤ 2D-Skizze für Handgriff zeichnen, 3D-Skizze reaktivieren
- ➤ Handgriff sweepen
- ➤ Spiegeln der Reling
- ➤ Farben zuweisen, Datei speichern

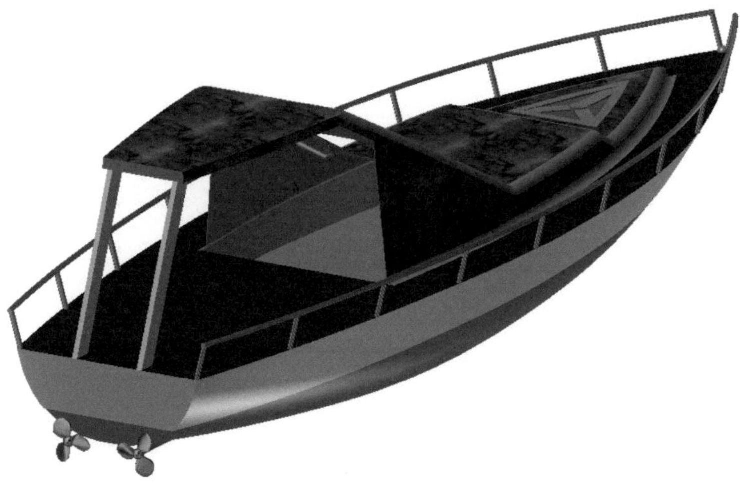

10.1 Baugruppe „BG_Speedboot" erzeugen

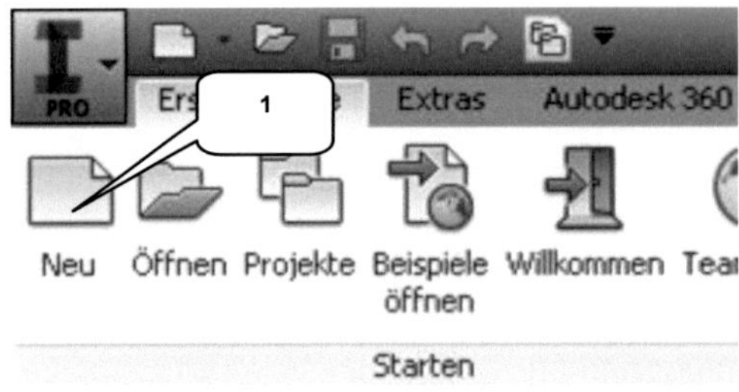

> ***Neu*** (1)

> Templates (2)

> Baugruppe: Norm.iam (3)

> ***Erstellen*** (4)

> ***Speichern*** (5)

> Dateiname: [BG_Speedboot] (6)

> ***Speichern*** (7)

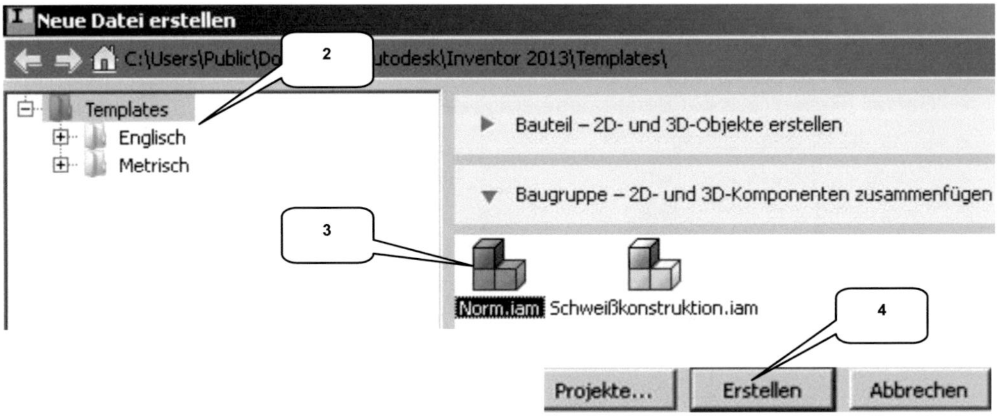

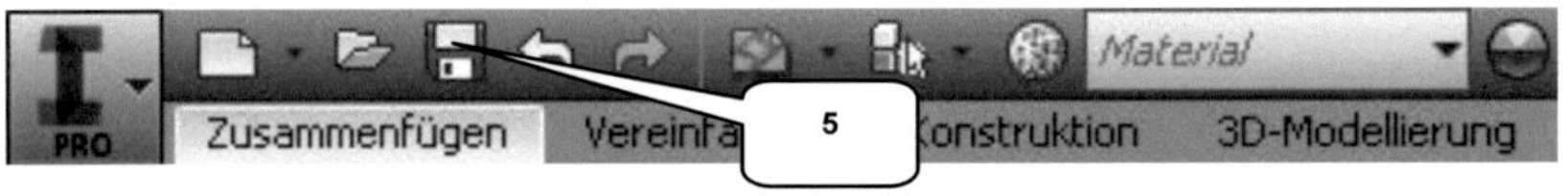

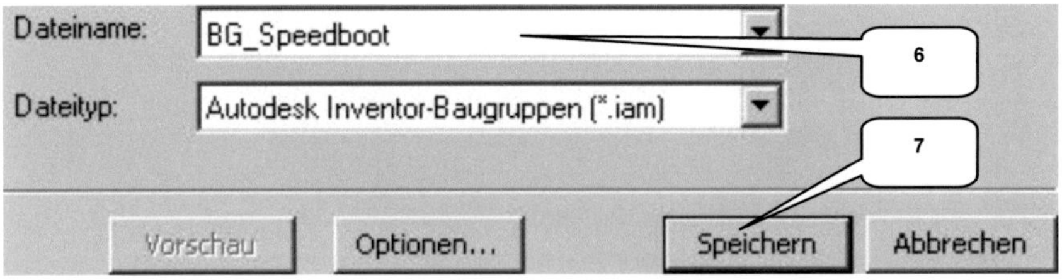

10.2 Bauteile platzieren

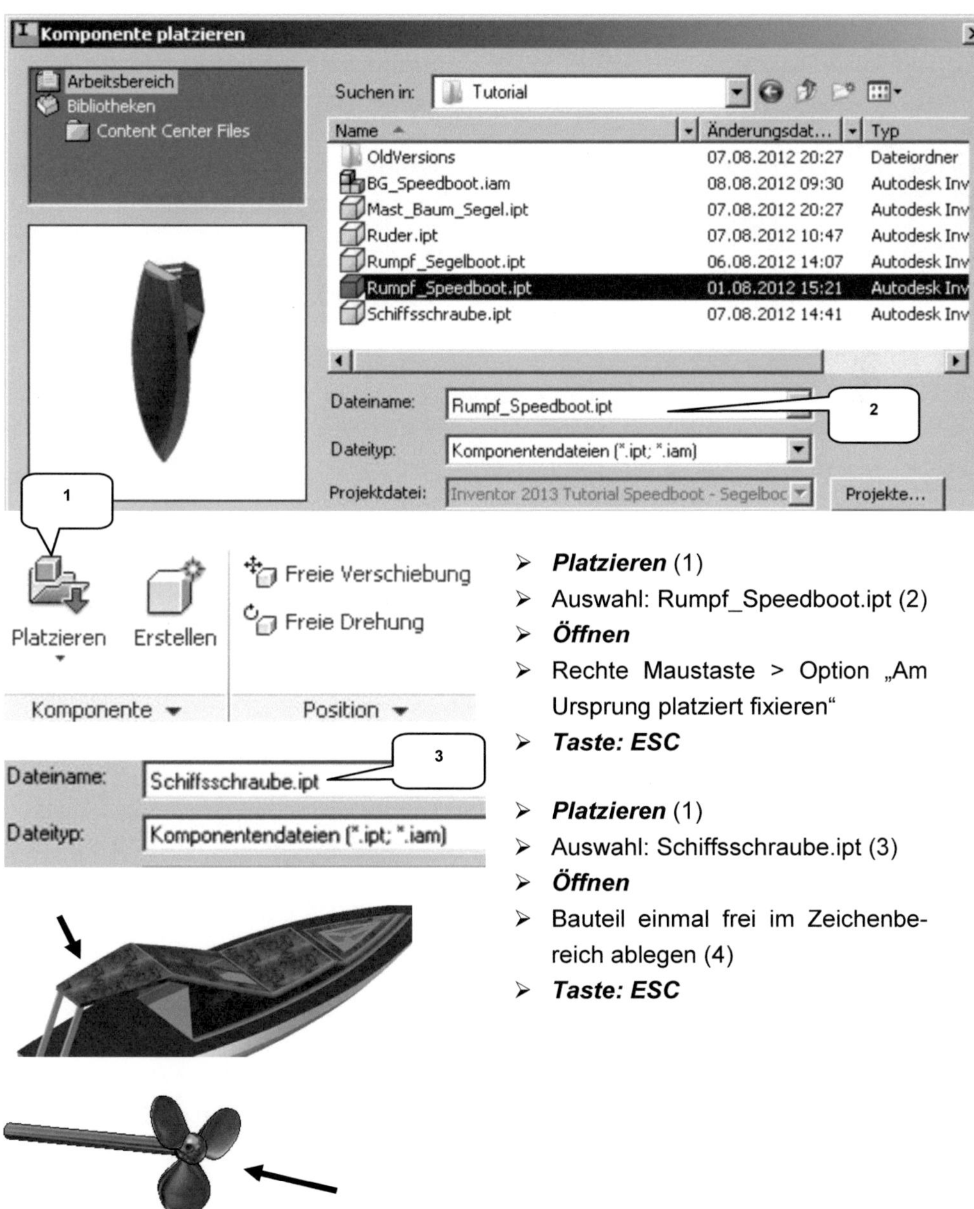

> ***Platzieren*** (1)
> Auswahl: Rumpf_Speedboot.ipt (2)
> ***Öffnen***
> Rechte Maustaste > Option „Am Ursprung platziert fixieren"
> ***Taste: ESC***

> ***Platzieren*** (1)
> Auswahl: Schiffsschraube.ipt (3)
> ***Öffnen***
> Bauteil einmal frei im Zeichenbereich ablegen (4)
> ***Taste: ESC***

10.3 „Rumpf_Speedboot" innerhalb der Baugruppe bearbeiten

> Rechte Maustaste auf Bauteil „Rumpf_ Speedboot"
> Option: Bearbeiten (1)

> (Programm wechselt in den Bearbeitungsbereich des Bauteils)

10.4 Bohrung für Antriebswelle in den Rumpf einbringen

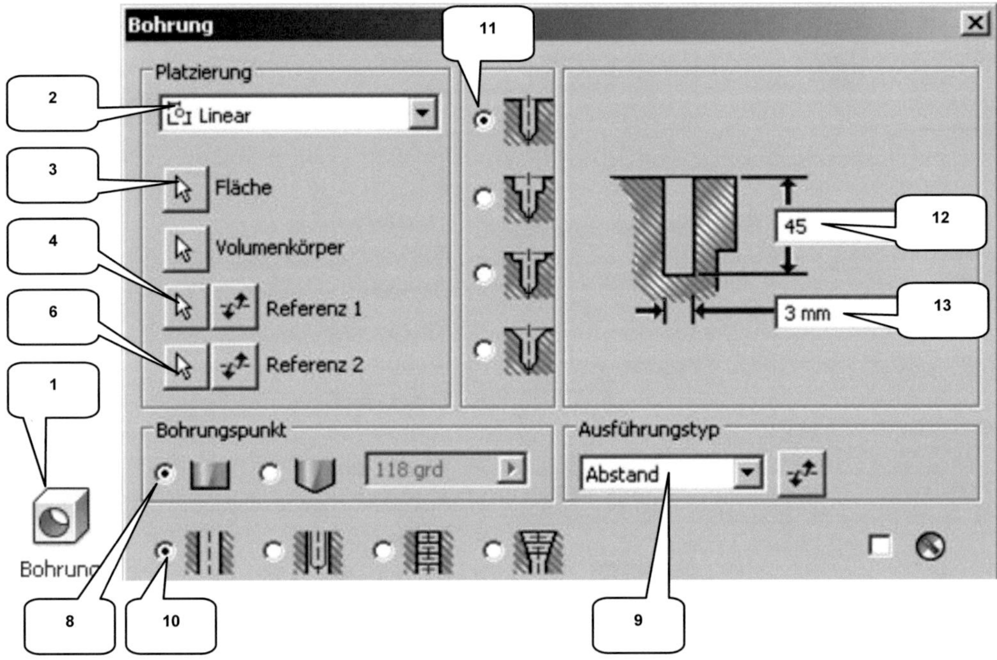

> **Bohrung** (1)
> Platzierungstyp: Linear (2)
> Fläche: Fläche (3) wählen (<u>unterer</u> Teil des Rumpfes, Fläche am Heckbereich)
> Referenz 1: Kante (4) wählen (Rumpf)
> Abstand: [45] mm (5)
> Referenz 2: Kante (6) wählen (Strebe)

> Abstand: [0] mm (7)
> Bohrungspunkt: Flach (8)
> Ausführungstyp: Abstand (9)
> Option: Einfache Bohrung (10)
> Option: Bohren (11)
> Bohrungstiefe: [45] mm (12)
> Bohrungsdurchmesser: [3] mm (13)
> **OK**

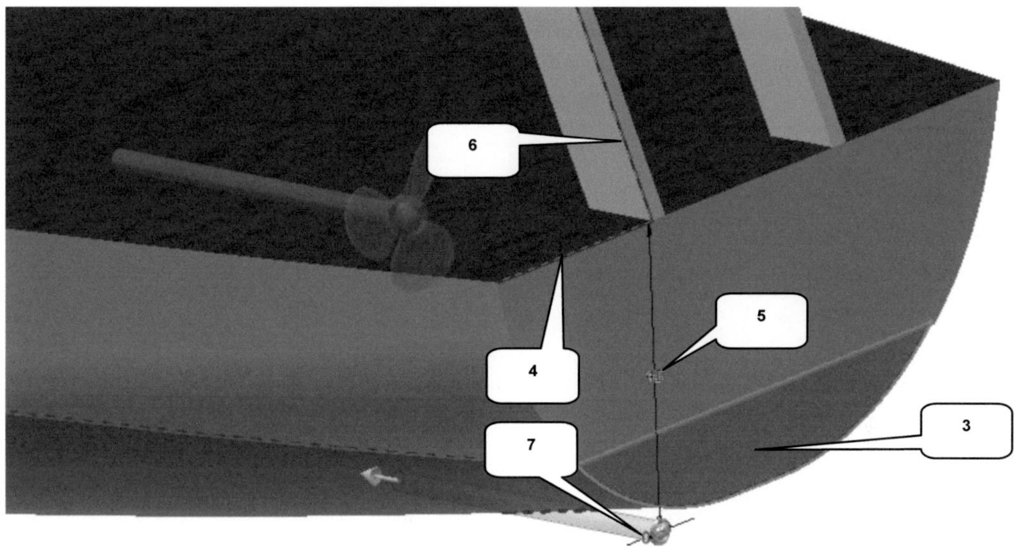

10.5   Bohrung für Antriebswelle spiegeln

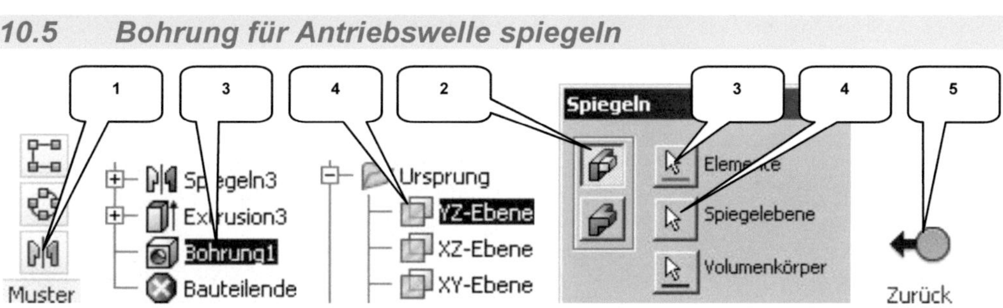

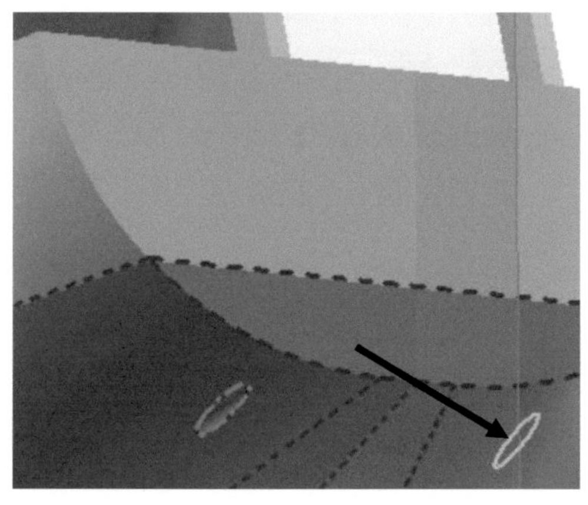

> ➤ **Spiegeln** (1)
> ➤ Option: Einzelne Elemente spiegeln (2)
> ➤ Elemente: Bohrung wählen (3)
> ➤ Spiegelebene: YZ-Ebene wählen (4)
> (Ordner „Ursprung" des Bauteils „Rumpf_Speedboot", <u>nicht</u> die YZ-Ebene der Baugruppe!)
> ➤ **OK**
>
> ➤ **Zurück** (5)
>
> ➤ (Programm wechselt in den Baugruppenbereich zurück)

10.6 Ausrichtung der Schiffsschraube optimieren

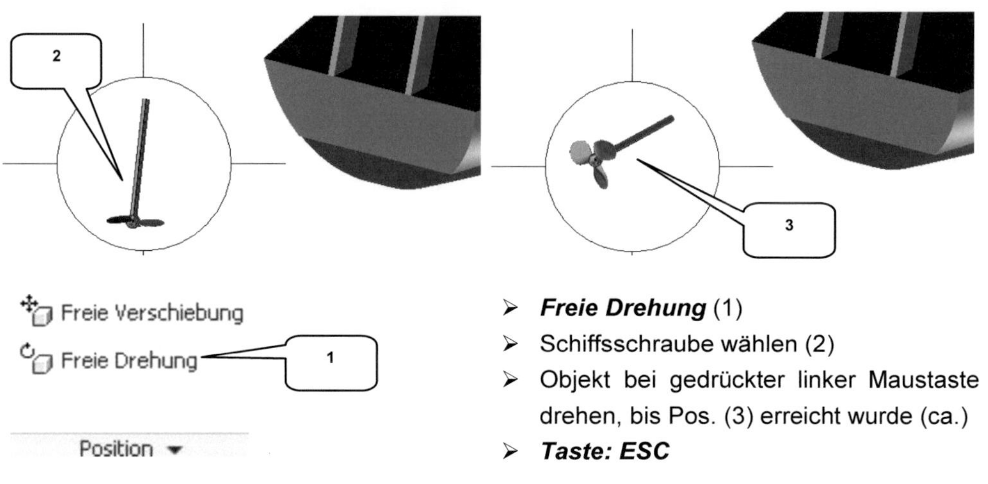

> ***Freie Drehung*** (1)
> Schiffsschraube wählen (2)
> Objekt bei gedrückter linker Maustaste drehen, bis Pos. (3) erreicht wurde (ca.)
> ***Taste: ESC***

10.7 Antriebswelle in Bohrung platzieren

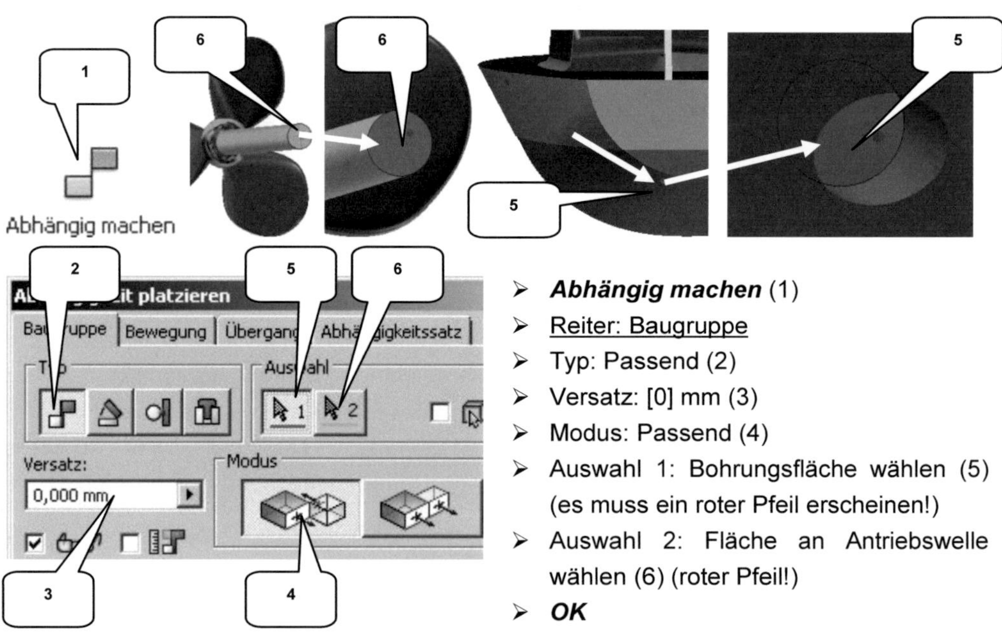

> ***Abhängig machen*** (1)
> <u>Reiter: Baugruppe</u>
> Typ: Passend (2)
> Versatz: [0] mm (3)
> Modus: Passend (4)
> Auswahl 1: Bohrungsfläche wählen (5) (es muss ein roter Pfeil erscheinen!)
> Auswahl 2: Fläche an Antriebswelle wählen (6) (roter Pfeil!)
> ***OK***

Vor dem Setzen von Abhängigkeiten sollten die betreffenden Objekte stets in eine günstige Position gedreht werden.

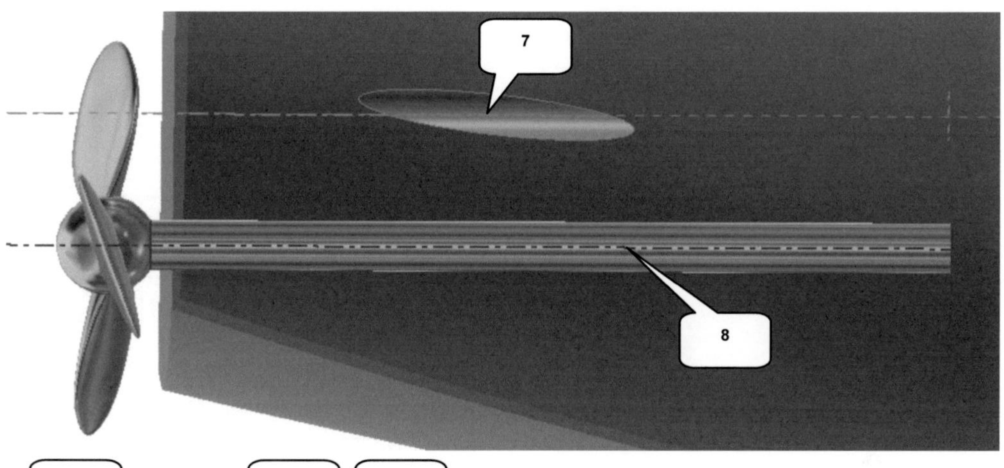

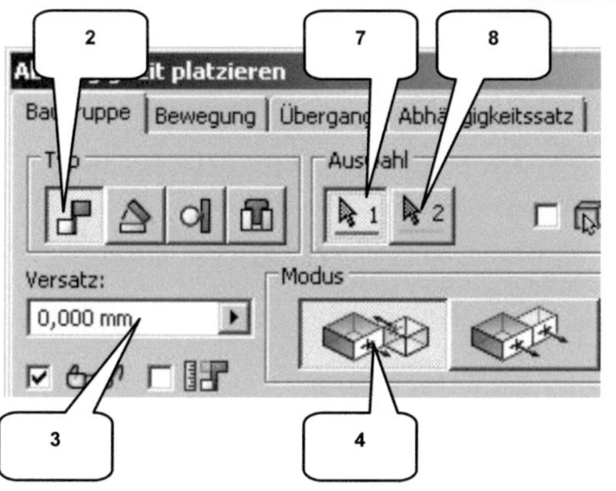

> ***Abhängig machen*** (1)
> <u>Reiter: Baugruppe</u>
> Typ: Passend (2)
> Versatz: [0] mm (3)
> Modus: Passend (4)
> Auswahl 1: Zylinderfläche der Bohrung wählen (7) (es muss eine rote gestrichelte Linie erscheinen!)
> Auswahl 2: Mantelfläche der Antriebswelle wählen (8) (rote gestrichelte Linie!)
> ***OK***

Mit dem Befehl „Abhängig machen" können Ebenen, Flächen, Kanten, Achsen, Ecken oder Punkte voneinander abhängig gemacht werden. Bei der Auswahl der Referenzen ist daher darauf zu achten, welches Symbol in der Voranzeige dargestellt wird. Ein kleiner Pfeil symbolisiert die Auswahl einer Ebene/ Fläche, eine rote gestrichelte Linie symbolisiert die Auswahl einer Kante oder Achse, und ein grüner Punkt symbolisiert die Auswahl einer Ecke/ eines Punktes.

10.8   Schiffsschraube spiegeln

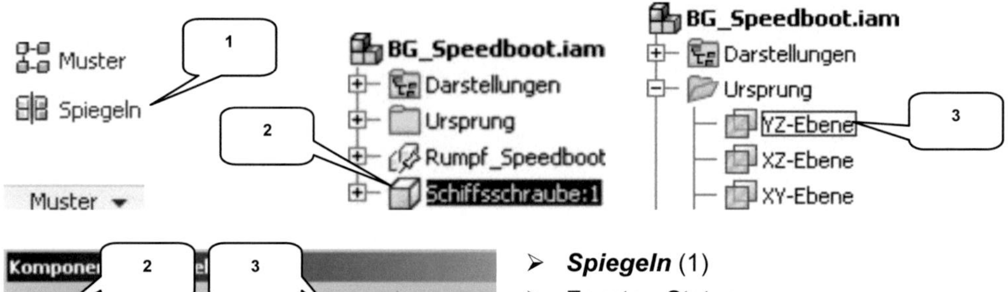

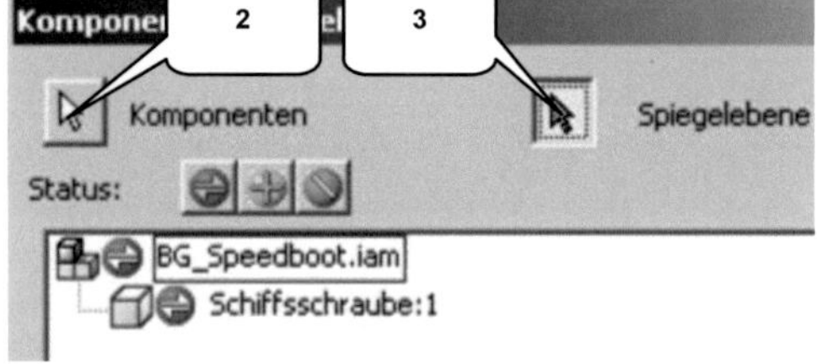

> ***Spiegeln*** (1)
> <u>Fenster: Status</u>
> Komponente: Schiffsschraube (2)
> Spiegelebene: YZ-Ebene (3) (Ordner „Ursprung" der Baugruppe)
> ***Weiter***
> <u>Fenster: Dateinamen</u>
> Aktivieren: Suffix (4)
> Bezeichnung: [_Kopie] (5)
> Komponentenziel: In Baugruppe einfügen (6)
> ***OK***

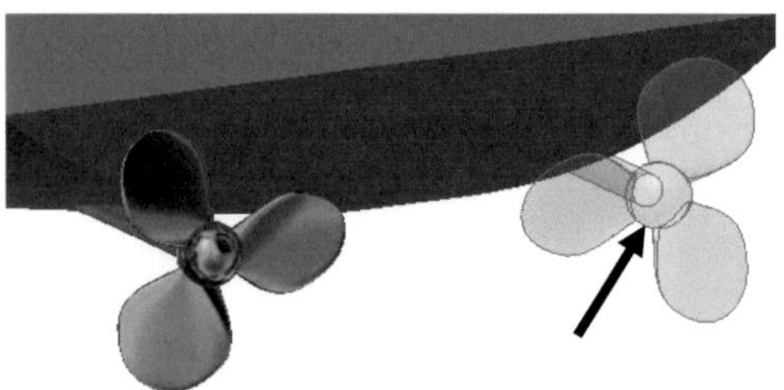

Komponenten spiegeln: Dateinamen

	Name	Neuer Name	Dateispeicherort
1	⊟ BG_Speedboot.iam	BG_Speedboot.iam	Quellpfad
2	└ Schiffsschraube	Schiffsschraube_Kopie.ipt	Quellpfad

Wurde eine Kopie eines Bauteils in einer Baugruppe erstellt, wird diese Kopie zwar auf die gewünschte Position gesetzt, ist allerdings noch frei beweglich. Alle Abhängigkeiten müssen daher erneut vergeben werden. Alternativ: rechte Maustaste > Fixiert.

10.9 Bauteil „Reling" aus Baugruppe heraus erstellen

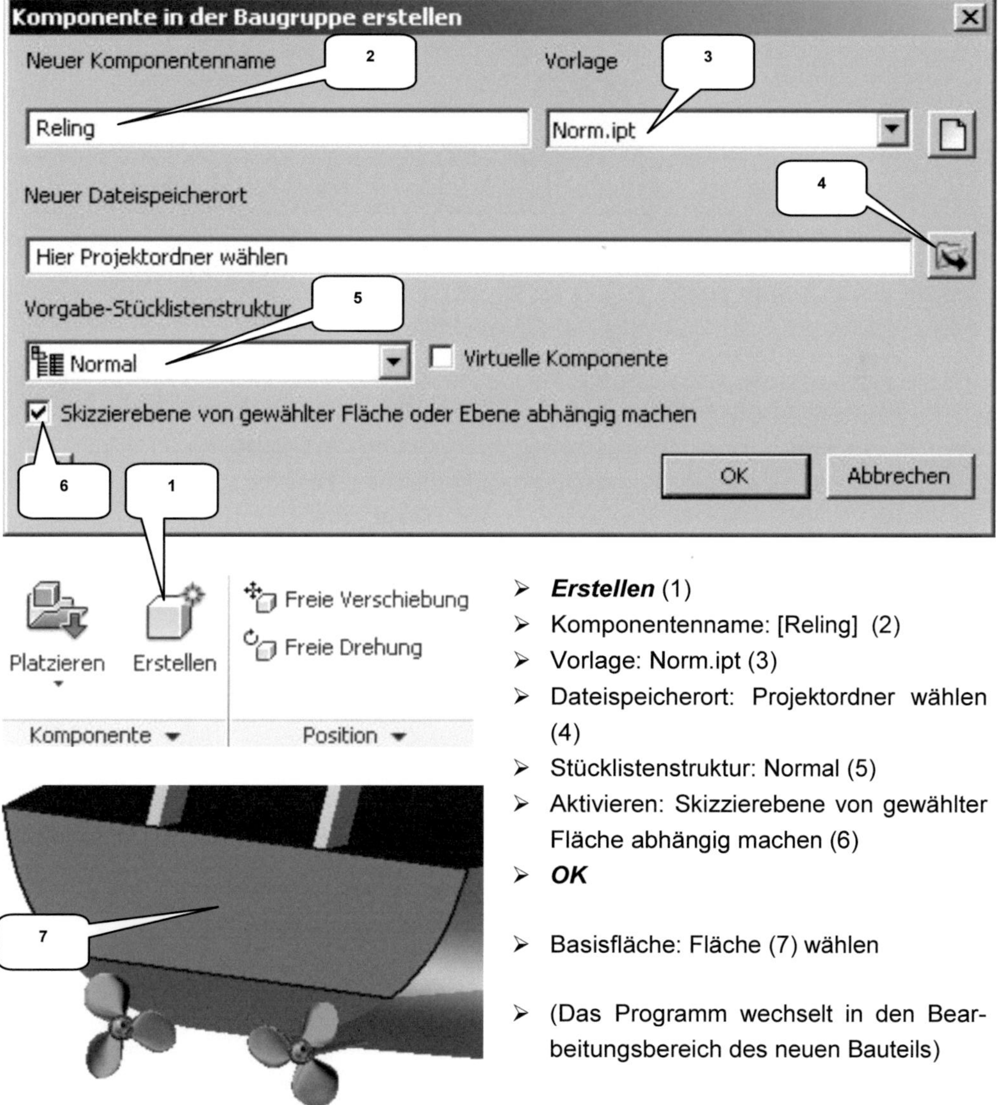

> ***Erstellen*** (1)
> Komponentenname: [Reling] (2)
> Vorlage: Norm.ipt (3)
> Dateispeicherort: Projektordner wählen (4)
> Stücklistenstruktur: Normal (5)
> Aktivieren: Skizzierebene von gewählter Fläche abhängig machen (6)
> ***OK***

> Basisfläche: Fläche (7) wählen

> (Das Programm wechselt in den Bearbeitungsbereich des neuen Bauteils)

10.10 Erste 2D-Skizze zeichnen

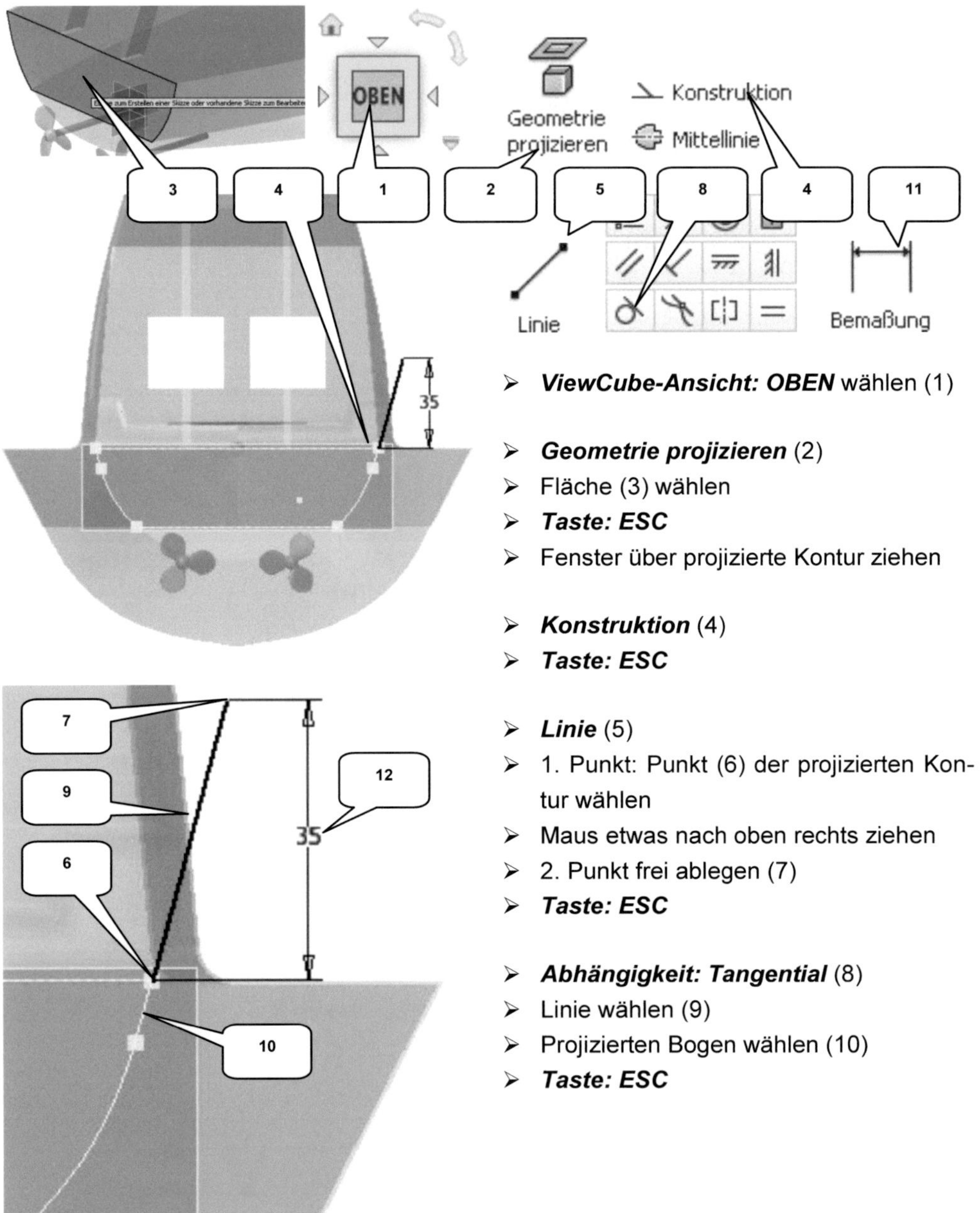

> *ViewCube-Ansicht: OBEN* wählen (1)

> *Geometrie projizieren* (2)
> Fläche (3) wählen
> *Taste: ESC*
> Fenster über projizierte Kontur ziehen

> *Konstruktion* (4)
> *Taste: ESC*

> *Linie* (5)
> 1. Punkt: Punkt (6) der projizierten Kontur wählen
> Maus etwas nach oben rechts ziehen
> 2. Punkt frei ablegen (7)
> *Taste: ESC*

> *Abhängigkeit: Tangential* (8)
> Linie wählen (9)
> Projizierten Bogen wählen (10)
> *Taste: ESC*

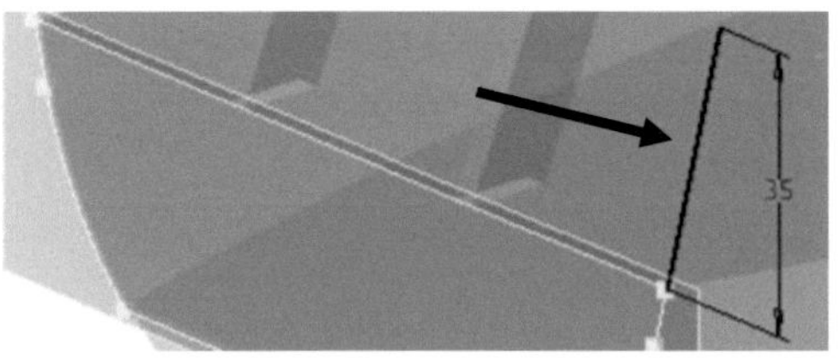

> ➤ **Bemaßung** (11)
> ➤ Linie wählen (9)
> ➤ Maß rechts daneben ablegen (12)
> ➤ Wert: [35] mm (vertikal)

> ➤ **Skizze fertig stellen**

10.11 Zweite 2D-Skizze zeichnen

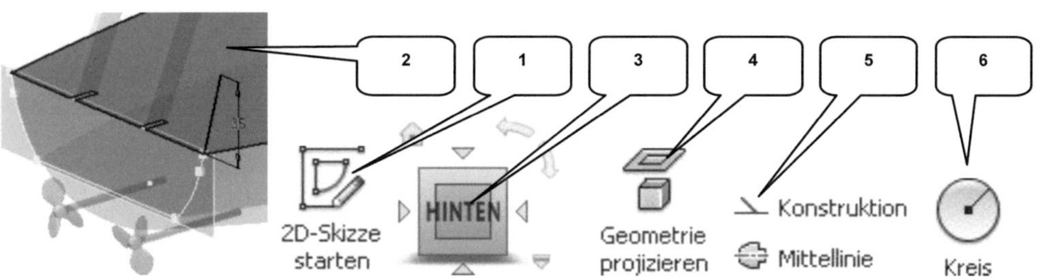

> ➤ **2D-Skizze starten** (1)
> ➤ Markierte Oberfläche wählen (2)

> ➤ **ViewCube-Ansicht: HINTEN** wählen (3)

> ➤ **Geometrie projizieren** (4)
> ➤ Fläche (2) wählen
> ➤ **Taste: ESC**
> ➤ Fenster über projizierte Kontur ziehen

> ➤ **Konstruktion** (5)
> ➤ **Taste: ESC**

> ➤ **Kreis durch Mittelpunkt** (6)
> ➤ Kreismittelpunkt auf Pos. (7) ablegen (ca.)
> ➤ Durchmesser: [3] mm (8)
> ➤ **Taste: ENTER**
> ➤ **Taste: ESC**

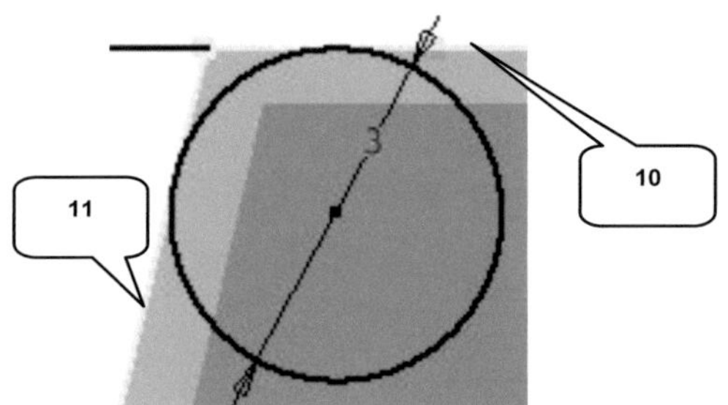

> ➢ **Abhängigkeit: Tangential** (9)
> ➢ Projizierte Linie wählen (10)
> ➢ Kreis wählen
> ➢ Projizierte Linie wählen (11)
> ➢ Kreis wählen
> ➢ **Taste: ESC**
>
> ➢ **Skizze fertig stellen**

10.12　Sweepen der Strebe

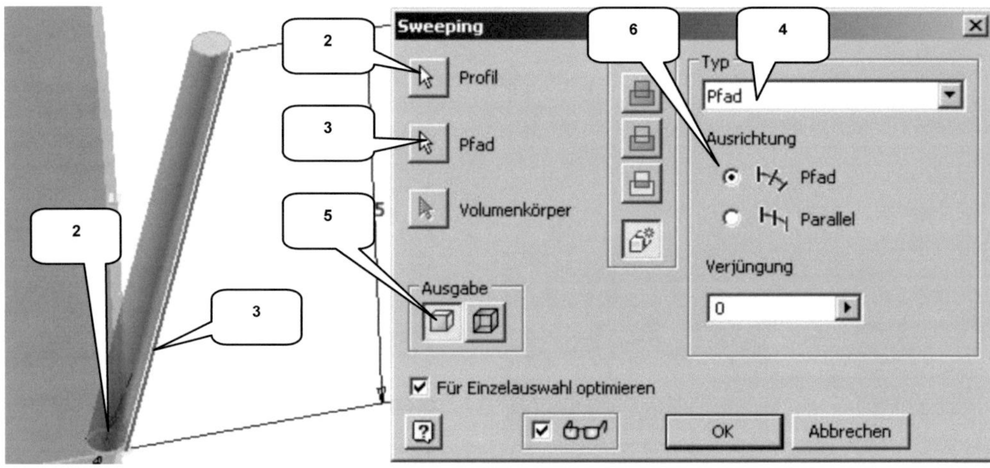

> ➢ **Sweeping** (1)
> ➢ Profil: Kreis wählen (2)
> ➢ Pfad: Linie wählen (3)
> ➢ Typ: Pfad (4)
> ➢ Ausgabe: Volumenkörper (5)
> ➢ Ausrichtung: Pfad (6)
> ➢ **OK**

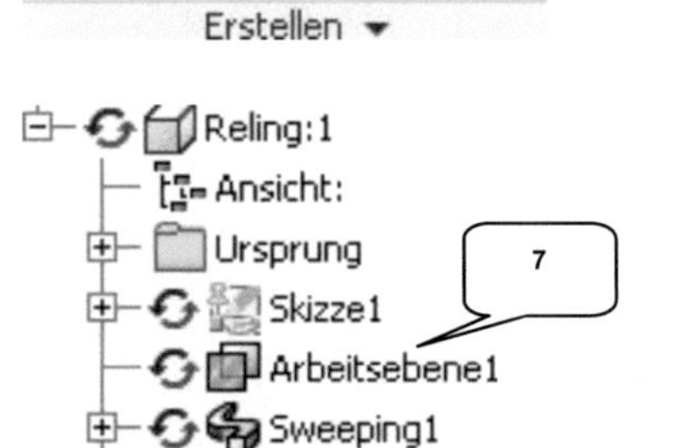

> ➢ „Pfad schneidet Profil nicht" mit „JA" bestätigen
>
> ➢ Arbeitsebene ausblenden (7) (rechte Maustaste > Sichtbarkeit deaktivieren)

10.13   3D-Skizze für Anordnung erstellen

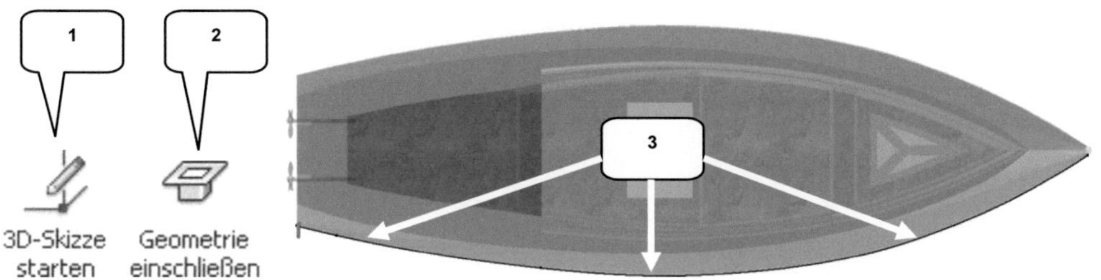

➤ **3D-Skizze starten** (1) (Befehl befindet sich hinter dem Befehl „2D-Skizze starten")

➤ **Geometrie einschließen** (2)

➤ 3 Kantensegmente des Rumpfes nacheinander wählen (3)

➤ **Skizze fertig stellen**

10.14   Strebe entlang der Rumpfkante anordnen

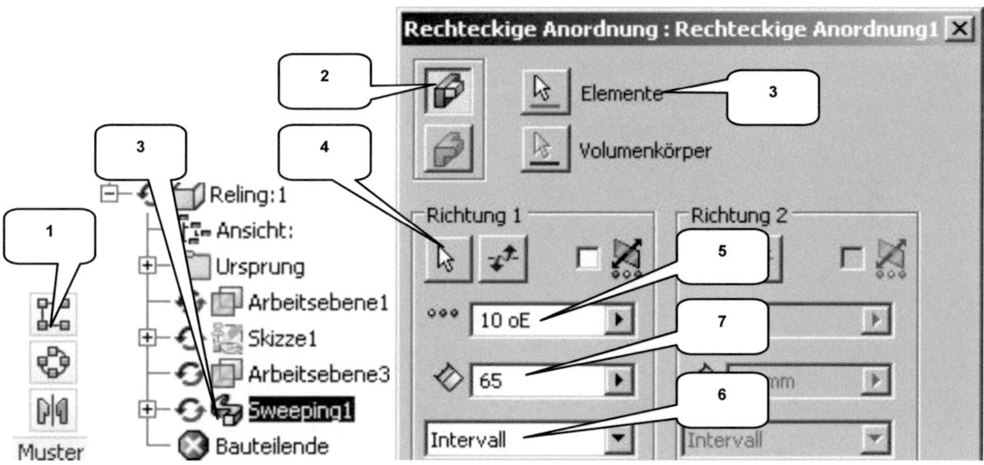

➤ **Rechteckige Anordnung** (1)

➤ Option: Einzelne Elemente (2)

➤ Elemente: „Sweeping1" wählen (3)

➤ Richtung1: Projizierte Kante aus 3D-Skizze wählen (4)

➤ Anzahl: [10] o. E. (5)

➤ Option: Intervall (6)

➤ Abstand: [65] mm (7)

➤ **OK**

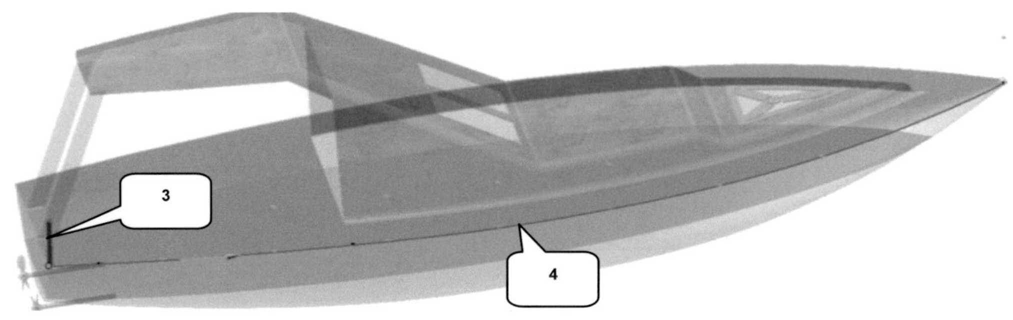

10.15   2D-Skizze für Handgriff zeichnen, 3D-Skizze reaktivieren

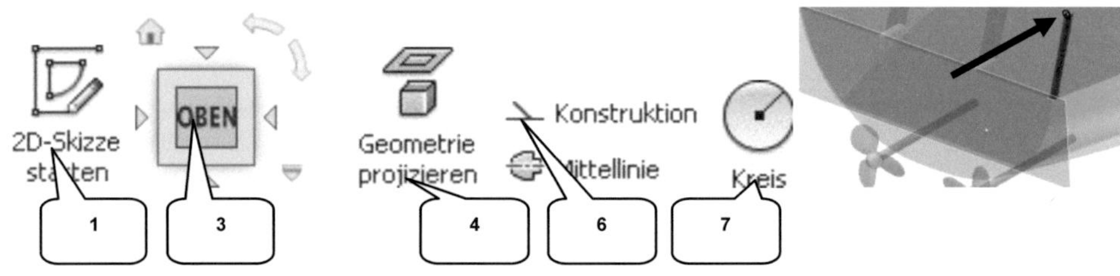

> *2D-Skizze starten* (1)
> Fläche wählen (2)

> *ViewCube-Ansicht: OBEN* wählen (3)

> *Geometrie projizieren* (4)
> Erste Strebe wählen (5)
> *Taste: ESC*
> Fenster über projizierte Kontur ziehen

> *Konstruktion* (6)
> *Taste: ESC*

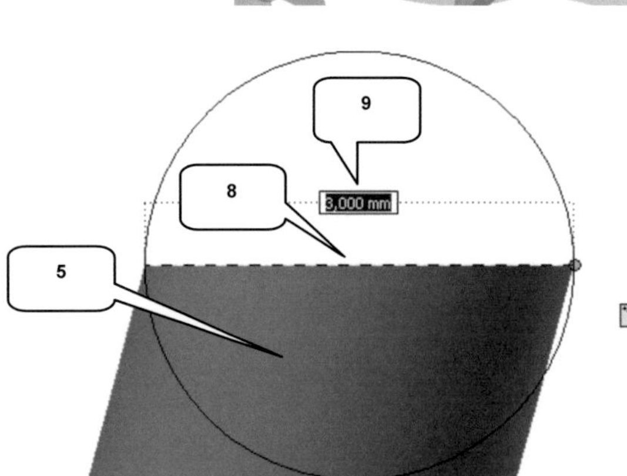

> *Kreis durch Mittelpunkt* (7)
> Mittelpunkt: Mittelpunkt der oberen projizierten Linie der 1. Strebe wählen (8)
> Durchmesser: [3] mm (9)
> *Taste: ESC*

> *Skizze fertig stellen*

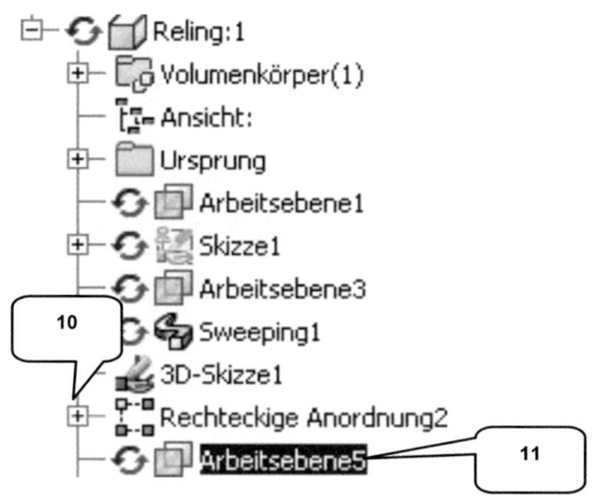

> ➢ Rechteckige Anordnung im Modellbaum aufklappen (10)
> ➢ 3D-Skizze markieren
> ➢ Rechte Maustaste > Skizze wieder verwenden
>
> ➢ Unterste Arbeitsebene im Modellbaum markieren und deren Sichtbarkeit entfernen (11)

10.16 Handgriff sweepen

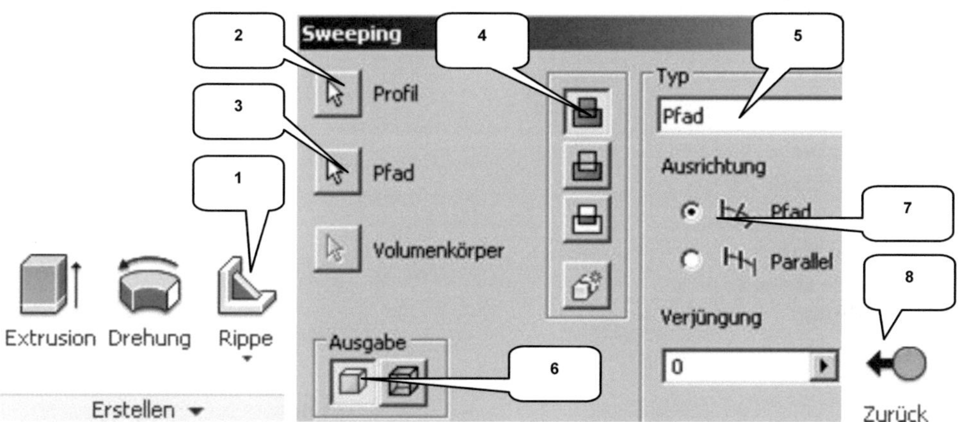

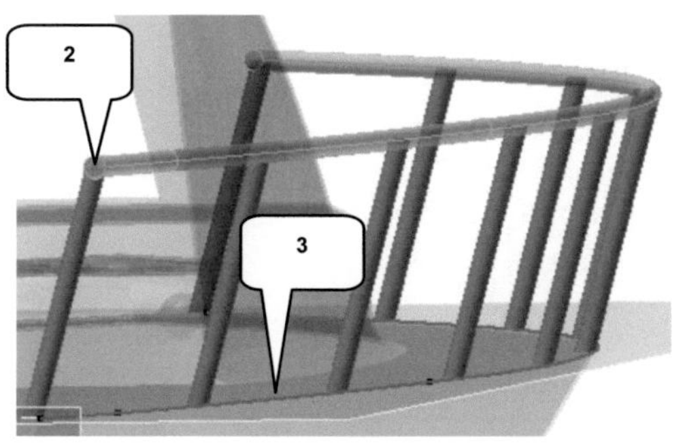

> ➢ **Sweeping** (1)
> ➢ Profil: Kreis wählen (2)
> ➢ Pfad: Linie der 3D-Skizze wählen (3)
> ➢ Option: Vereinigung (4)
> ➢ Typ: Pfad (5)
> ➢ Ausgabe: Volumenkörper (6)
> ➢ Ausrichtung: Pfad (7)
> ➢ **OK**
>
> ➢ 3D-Skizze ausblenden (rechte Maustaste > Sichtbarkeit deaktivieren)
> ➢ **Zurück** (8)

10.17   Reling spiegeln

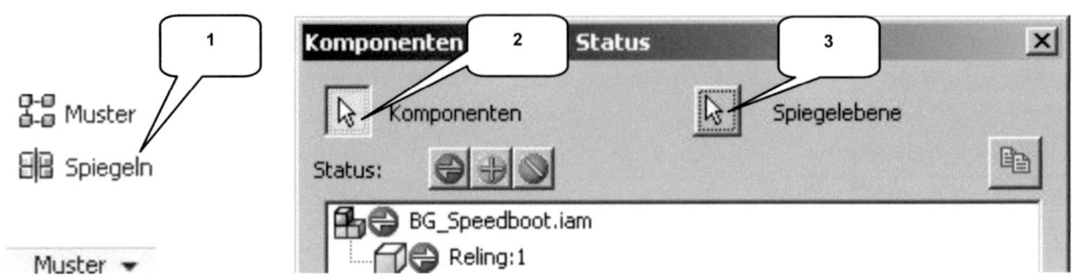

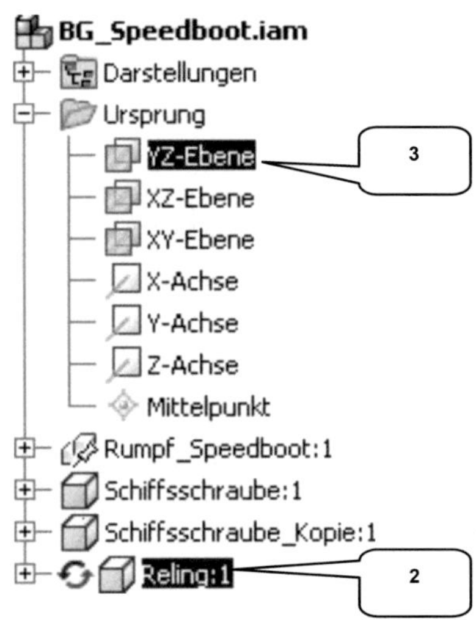

> **Spiegeln** (1)
> Fenster: Status
> Komponente: Reling (2)
> Spiegelebene: YZ-Ebene (3) (Ordner „Ursprung" der Baugruppe)
> **Weiter**
> Fenster: Dateinamen
> Aktivieren: Suffix (4)
> Bezeichnung: [_Kopie] (5)
> Komponentenziel: In Baugruppe einfügen (6)
> **OK**

> Bauteil „Reling_Kopie" im Modellbaum markieren
> Rechte Maustaste > Fixiert

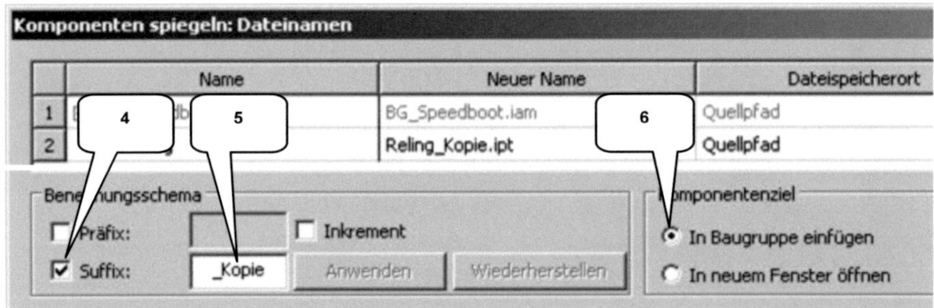

10.18   Farben zuweisen, Datei speichern

➢ „Reling“ und „Reling_Kopie“ im Modell-
baum markieren (1)

➢ Farbe z. B.: „Chrom - poliert - blau“ (2)

➢ **Taste: ESC**

➢ **Speichern**

➢ **Ja für alle** (3)

➢ **OK**

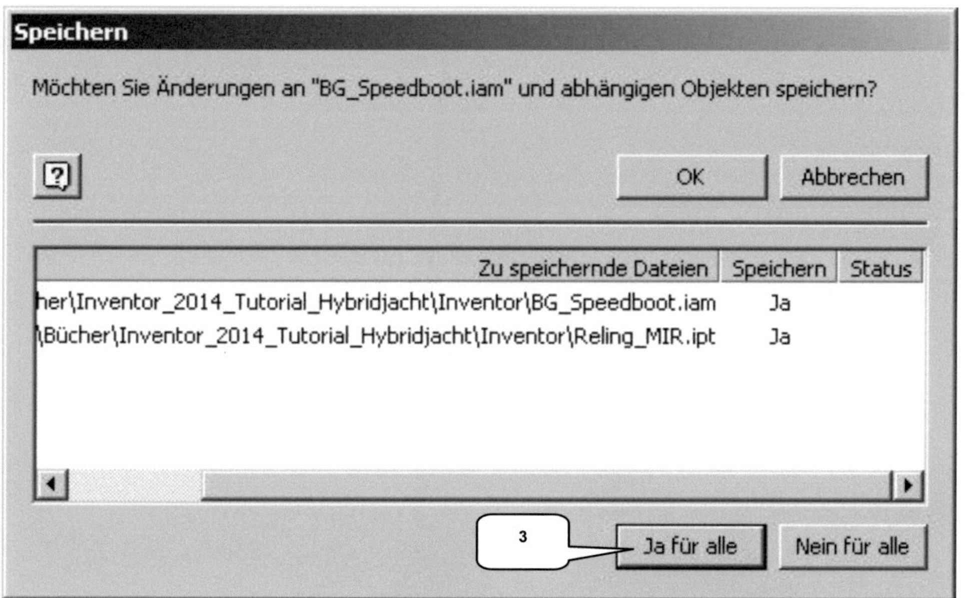

Speichern

Möchten Sie Änderungen an "BG_Speedboot.iam" und abhängigen Objekten speichern?

Zu speichernde Dateien	Speichern	Status
...her\Inventor_2014_Tutorial_Hybridjacht\Inventor\BG_Speedboot.iam	Ja	
...\Bücher\Inventor_2014_Tutorial_Hybridjacht\Inventor\Reling_MIR.ipt	Ja	

OK   Abbrechen

Ja für alle   Nein für alle

Wurden neue Komponenten aus einer Baugruppe heraus er-
zeugt, muss beim Speichern die Option „Ja für alle“ aktiviert wer-
den, da die neuen Komponenten neu angelegt werden müssen.

11 Baugruppe „BG_Segelboot"

Agenda

> Kopie der Baugruppe als „BG_Segelboot" speichern

> Schiffsschrauben aus der Baugruppe entfernen

> Bearbeiten der Reling-Höhe aus der Baugruppe heraus

> „Rumpf_Speedboot" durch „Rumpf_Segelboot" ersetzen

> „Mast_Baum_Segel" und „Ruder" platzieren

> Mast an den Aufbauten befestigen

> Ruder am Heck befestigen

> Speichern der Baugruppe

11.1 Baugruppe als „BG_Segelboot" speichern

- ➢ **Hauptmenü** (1)
- ➢ **Speichern unter** (2)
- ➢ Dateiname: [BG_Segelboot] (3)
- ➢ Dateityp: *.iam
- ➢ **Speichern**

11.2 Schiffsschrauben aus Baugruppe entfernen

- ➢ „Schiffsschraube" und „Schiffsschraube_Kopie" im Modellbaum markieren (1)
- ➢ **Taste: ENTF** (Löschen)

11.3 Reling-Höhe bearbeiten

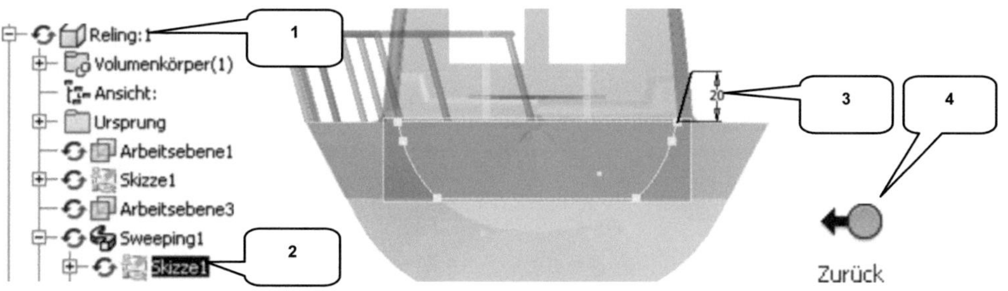

- ➢ Bauteil „Reling" im Modellbaum doppelklicken (1)
- ➢ „Sweeping1" erweitern und „Skizze1" doppelklicken (2)
- ➢ Maß „35" mm doppelklicken und durch den Wert [20] mm ersetzen (3)

- ➢ **Skizze fertig stellen**

> ***Zurück*** (4)
> (Die Höhe der Reling sollte sich automatisch auf den neuen Wert aktualisieren. Die Kopie passt sich anschließend an.)

11.4   „Rumpf_Speedboot" durch „Rumpf_Segelboot" ersetzen

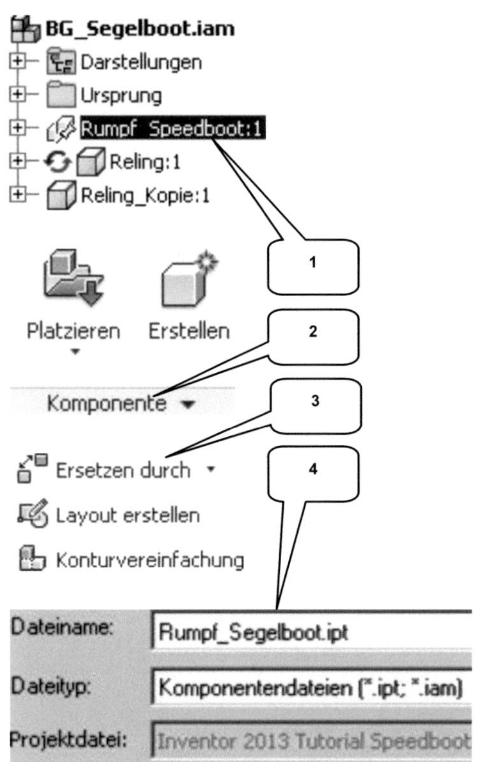

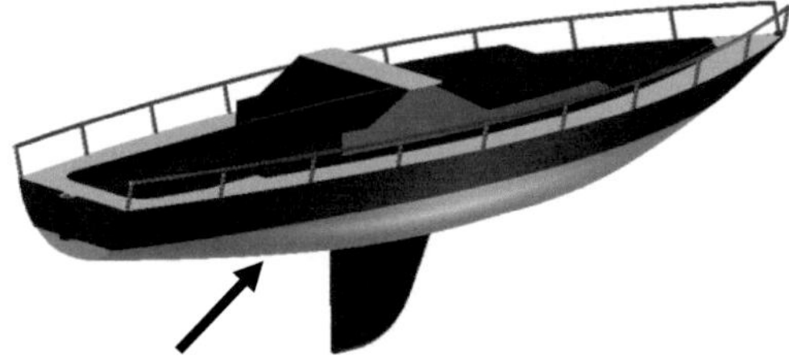

> „Rumpf_Speedboot" im Modellbaum markieren (1)

> Befehlsgruppe „Komponente" erweitern (2)

> ***Ersetzen durch*** (3)
> (Befehl befindet sich in der erweiterten Befehlsgruppe „Komponente")
> Dateiname: Rumpf_Segelboot (4) wählen
> ***Öffnen***

Werden Komponenten einer Baugruppe mittels Befehl „Ersetzen durch" durch eine andere Komponente ersetzt, werden alle Abhängigkeiten übernommen, sofern die geometrischen Bedingungen dies zulassen.

11.5 Bauteil „Mast_Baum_Segel" und „Ruder" platzieren

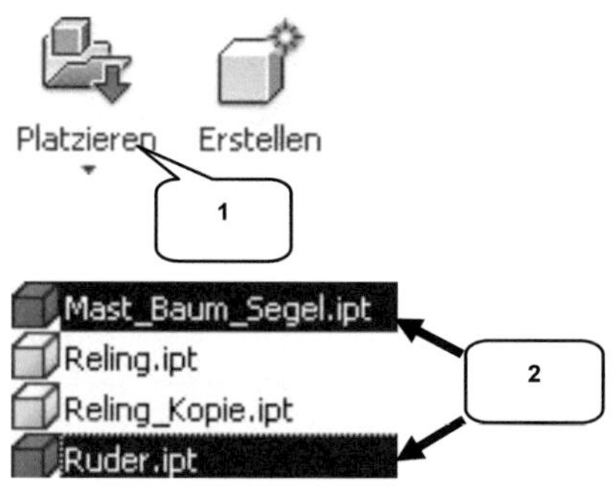

> ➢ **Platzieren** (1)
> ➢ Auswahl: Bei gedrückter **Taste: STRG** die Bauteile „Mast_Baum_Segel" und „Ruder" markieren (2)
> ➢ **Öffnen**
>
> ➢ Beide Bauteile einmal frei im Zeichenbereich ablegen
> ➢ **Taste: ESC**

11.6 Mast platzieren

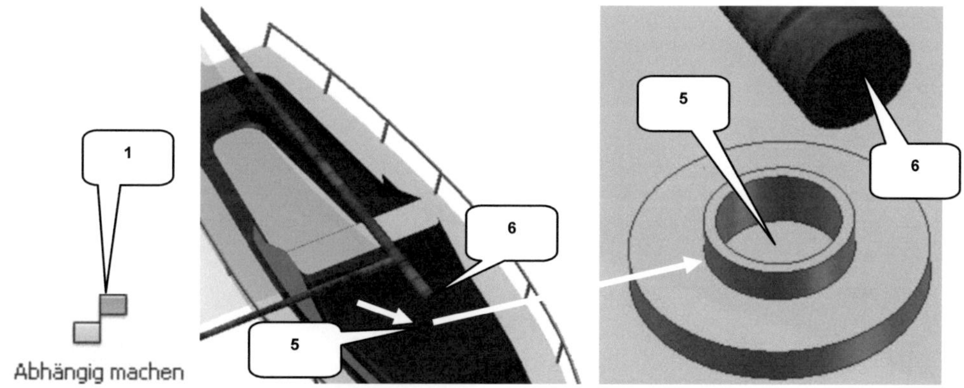

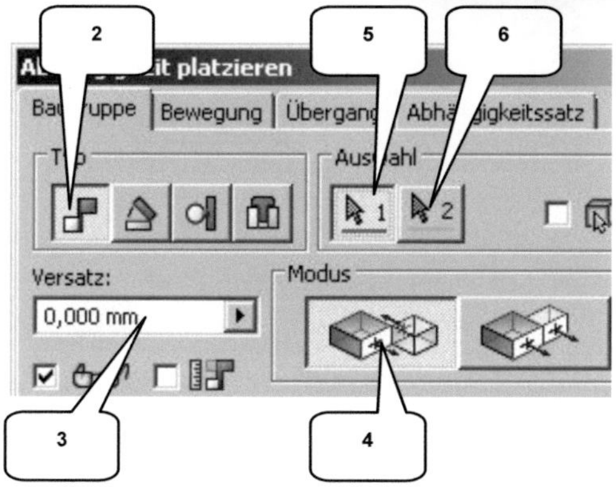

> ➢ **Abhängig machen** (1)
> ➢ Typ: Passend (2)
> ➢ Versatz: [0] mm (3)
> ➢ Modus: Passend (4)
> ➢ Auswahl 1: Fläche an den Aufbauten wählen (5) (es muss ein roter Pfeil erscheinen!)
> ➢ Auswahl 2: Untere Fläche am Mast wählen (6) (roter Pfeil!)
> ➢ **OK**

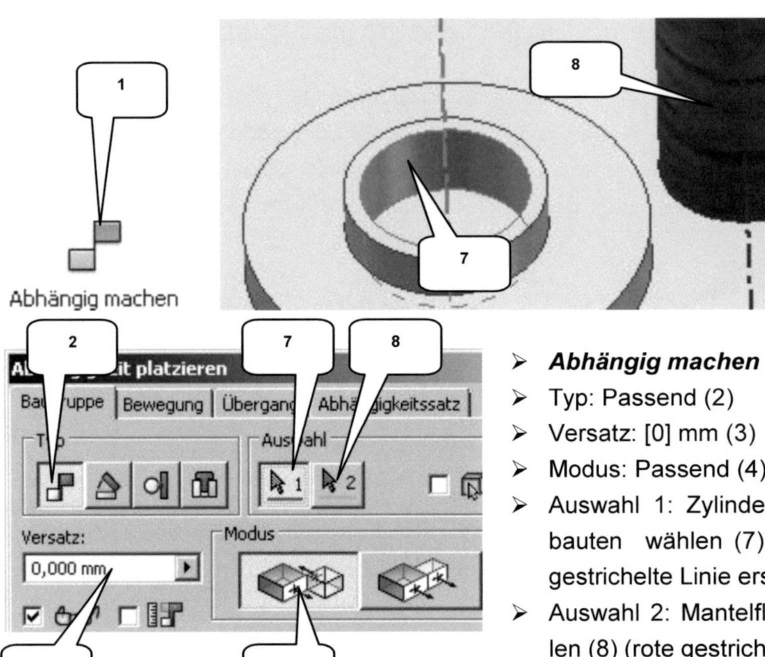

> ***Abhängig machen*** (1)
> Typ: Passend (2)
> Versatz: [0] mm (3)
> Modus: Passend (4)
> Auswahl 1: Zylinderfläche an den Aufbauten wählen (7) (es muss eine rote gestrichelte Linie erscheinen!)
> Auswahl 2: Mantelfläche am Mast wählen (8) (rote gestrichelte Linie!)
> ***OK***

11.7   *Ruder am Heck befestigen*

> ***Abhängig machen*** (1)
> Typ: Passend (2)
> Versatz: [0] mm (3)
> Modus: Passend (4)

> Auswahl 1: Fläche am Ruder wählen (5) (ein kleiner roter Pfeil muss erscheinen!)
> Auswahl 2: Untere Fläche der Ruderhalterung wählen (6) (roter Pfeil!)
> ***OK***

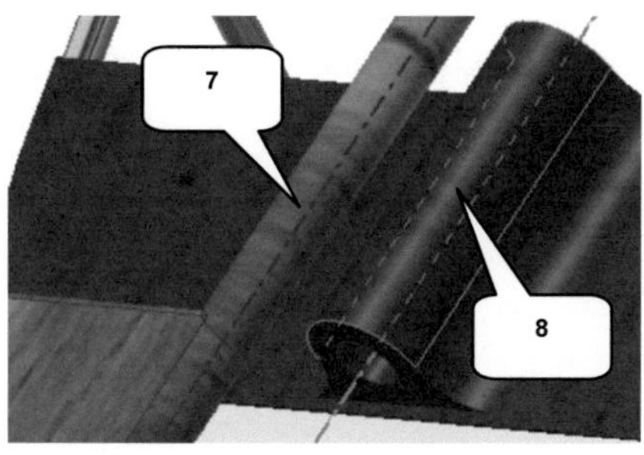

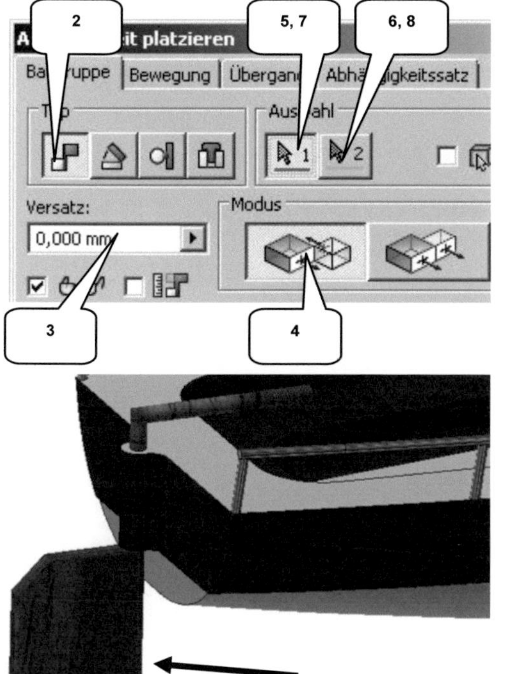

> ➢ **Abhängig machen** (1)
> ➢ Typ: Passend (2)
> ➢ Versatz: [0] mm (3)
> ➢ Modus: Passend (4)
> ➢ Auswahl 1: Mantelfläche des Ruders wählen (7) (es muss eine rote gestrichelte Linie erscheinen!)
> ➢ Auswahl 2: Mantelfläche der Ruderhalterung wählen (8) (rote gestrichelte Linie!)
> ➢ **OK**

11.8 Baugruppe sichern

> ➢ **Speichern** (1)
> ➢ **Ja für alle** (2)
> ➢ **OK**

12   Rendern der Baugruppe

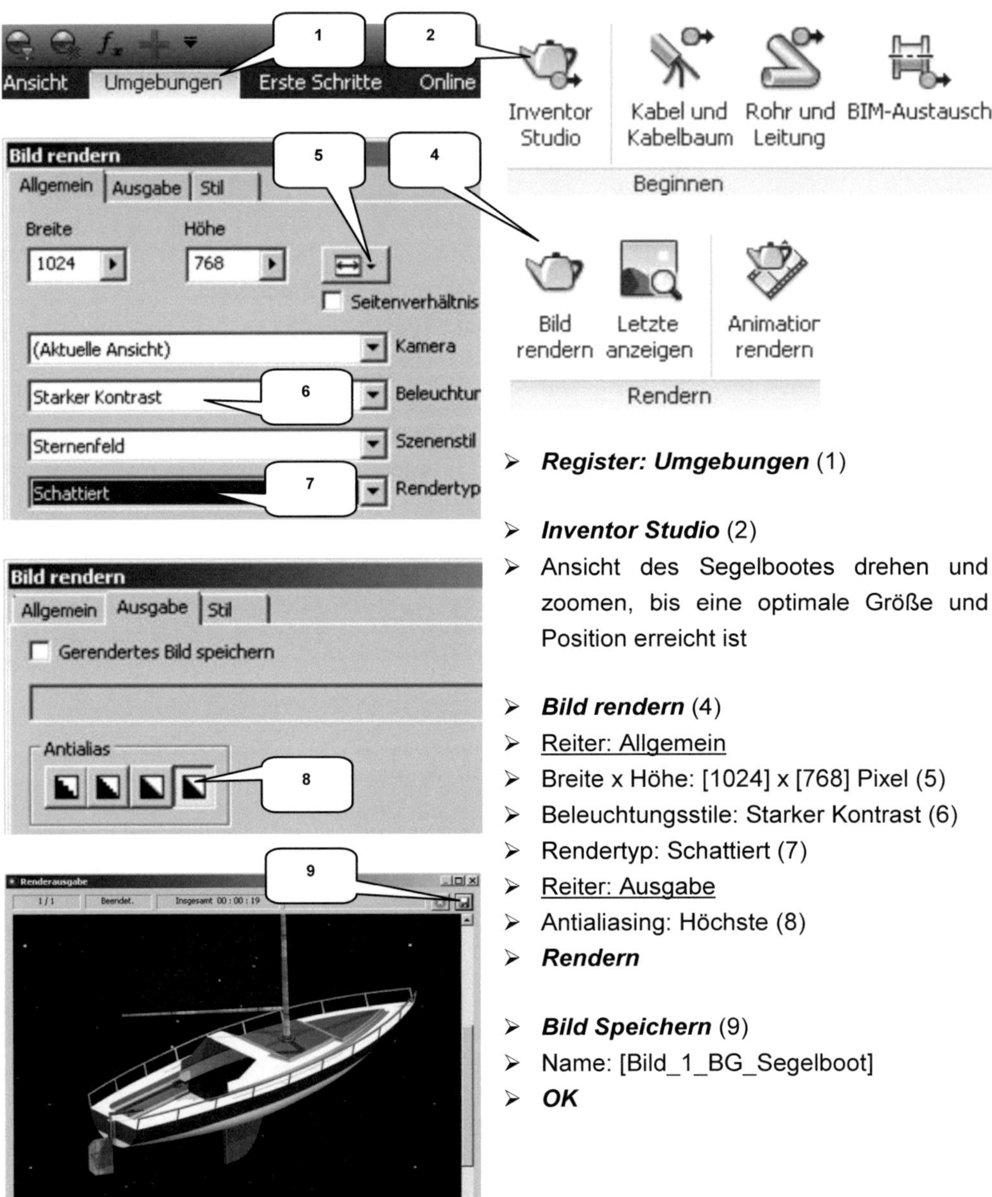

> ***Register: Umgebungen*** (1)

> ***Inventor Studio*** (2)

> Ansicht des Segelbootes drehen und zoomen, bis eine optimale Größe und Position erreicht ist

> ***Bild rendern*** (4)

> Reiter: Allgemein

> Breite x Höhe: [1024] x [768] Pixel (5)

> Beleuchtungsstile: Starker Kontrast (6)

> Rendertyp: Schattiert (7)

> Reiter: Ausgabe

> Antialiasing: Höchste (8)

> ***Rendern***

> ***Bild Speichern*** (9)

> Name: [Bild_1_BG_Segelboot]

> ***OK***

13   Schlusswort

Der Autor des Buches hofft, dass Sie bei der Arbeit mit dem Programm und dem Übungs-projekt viel Spaß hatten.

Der Inhalt des Buches wurde sorgfältig geprüft. Leider können Fehler nicht ausgeschlossen werden.

Wenn Ihnen während der Arbeit mit dem Buch Fehler auffallen sollten, oder wenn Sie Ideen zur Verbesserung des Inhaltes haben, ist Ihnen der Autor für jeden Hinweis per E-Mail dankbar.

Konstruktive Anmerkungen können jederzeit an ***schlieder@cad-trainings.de*** gesendet werden.

Vielen Dank.

*

A